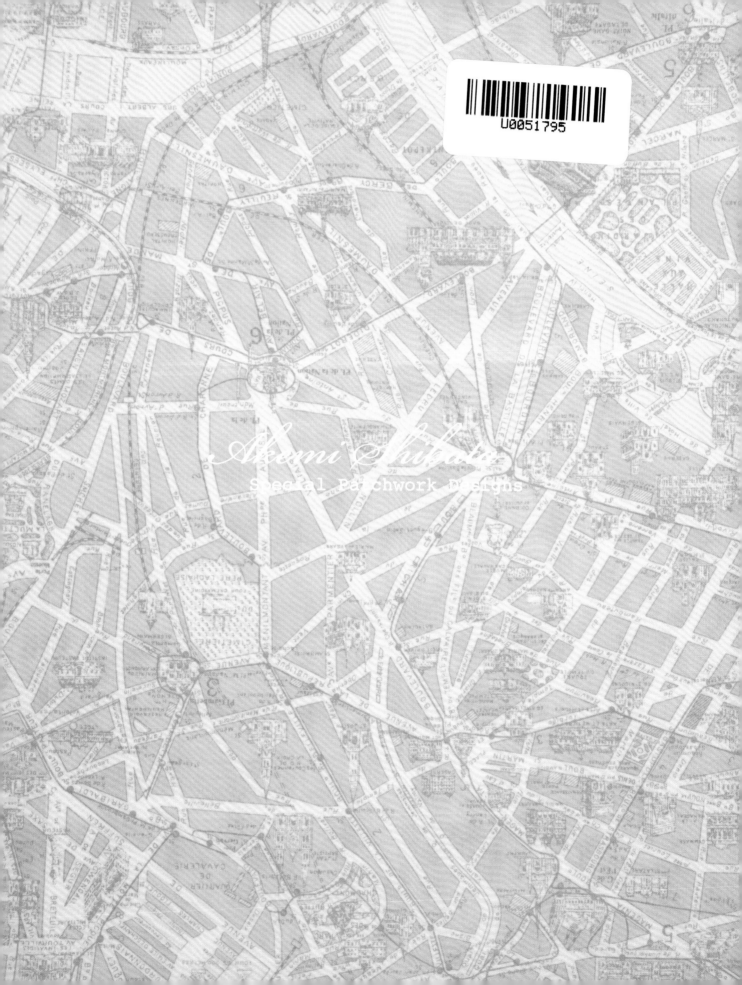

Akemi Shibata
Special Patchwork Designs

Akemi Shibata
Special Patchwork Designs

手作專屬禮
柴田明美 送給你的 拼布包

Akemi Shibata
Special Patchwork Designs

Contents

致愛拼布的你

大家都過得好嗎？

看到持續製作著拼布的粉絲，我感到非常開心。

「拼布總是帶給人興奮的感覺，不用勉強自己，開心地享受製作的樂趣吧！」

每當有書籍出版的機會時，我都懷著「這可能是最後的出版品」的心情，

所以會用盡全力，絞盡腦汁地來完成。這次也花了許多心思，

編輯出一本看了就令人開心，作法也簡單容易的書。

運用您手邊的布，也能簡單地搭配出拼布作品，

希望大家都能樂在其中，我也會感到非常開心喔！

柴田明美

● 傳達拼布的魅力，讓更多人知道

大阪電視台的節目外景地選在家中。在訪談之中暢聊拼布的魅力，希望能傳達給更多人知道。

在自家附近的工作室兼商店裡，與主播一起製作了簡單的拼布化妝包。不知道主播是否有開心地享受製作過程呢？

● 生活空間中　總是充滿著拼布

我家的愛犬——路易，是美國可卡犬。路易最喜歡六角形的古董拼布。房間內總是擺滿了拼布。

● 以手作打造時尚感

在馬來西亞檳城的講座中製作的手縫洋裝。

準備好自己喜歡的布料，就可以製作衣服。

這件是手縫的洋裝。現在的心情想要搭配上綠松石項鍊。

| 國外出版書籍 | 翻譯的書籍居然有這麼多啊！非常感謝國外的讀者閱讀我的書。依國家不同封面設計也會略有變化，我覺得很有趣。在海外的講座也增加很多，希望能將日本的拼布魅力推廣到更多地方。 |

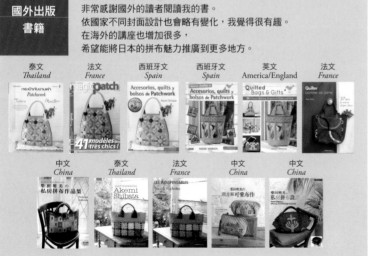

泰文 Thailand	法文 France	西班牙文 Spain	西班牙文 Spain	英文 America/England	法文 France
中文 China	泰文 Thailand	法文 France	中文 China	中文 China	

重新改造的飾品。將沒有在配戴的飾品，加上零碼布、緞帶、串珠後，煥然一新，很有趣又好玩。

香港講座。改造飾品的示範。

在工作空閒之餘，我喜歡到處走訪不同國家，
去接觸每個國家的文化或傳統工藝品，
欣賞美麗的風景，因此擁有許多珍貴的回憶。
在創作時，會不經意地將這些經驗融入到作品中，
讓我感到很開心。
95歲的阿姨最近也跟我深入聊了很多，
她說：「明美啊！人在活著的時候，要像花朵一樣綻放。
人生要盡情開心地生活！」
我也開始這麼想。
雖然每天都很忙碌，
今後也要空出時間到世界各地去旅行。
也期許自己能製作出讓世界各地的人都喜歡的作品。

● In Sicily

▌▌ 西西里島之旅

義大利是我最喜歡的國家之一。
去了以前就很想去的西西里島旅行。

在飯店的陽台上舒服地觀覽整片海洋，
以水彩顏料來畫些什麼吧！

飯店——BELMOND VILLA SANT'ANDREA。我背的是《世
界唯一！我的手作牌可愛拼布包》中所刊載的包包。像是花朵
這種可愛的圖樣，及大容量空間的設計都是我喜歡的呢！我將
西西里島之旅當作是很重要的寶物。

在旅行地點的遠方天空下，想著我的家，
畫出「HOUSE」。回到日本後，馬上製
作了迷你拼布。製作拼布時，彷彿旅行仍
持續進行著。

本書刊載的「波光粼粼小肩
背包」的設計表現出西西里
島眩目的陽光及美麗的海
洋。

色彩豐富的三角形，是以水
的波動為概念創作的圖樣。

在山坡上的商店，我買了白色蕾絲
的洋裝。製作了搭配這件洋裝的包
包，我一定要再造訪西西里島。從
這些小地方也能感受到創作作品的
樂趣。

迷你布片圖樣包

將喜歡且珍藏的布裁剪後，一點一點細心地縫合起來。

在小正方形中放入我嚴選的布料，每一格的圖案都不同。包包造型宛如布樣書，是我的最愛。襯底的布料呈現立體感，看起來像編織籃一樣，非常有趣！

how to make **P.6**

no. 1 ★

4

迷你布片圖樣包
（大容量款）

將I的包包製作成大容量款。
創作的概念是，太陽下閃閃發光的美麗海洋顏色。
充滿著度假的氛圍。

how to make　**P.78**

no. ② 2

材料

拼接用布（A45片）40cm×20 cm
表布（米色 A12片／B32片）110 cm×30cm
鋪棉　45cm×70cm
裡布（原色）45cm×70cm
裡袋身　40cm×65cm
提把　50cm　1組

※提把使用2股拼布線以回針縫固定。

原寸紙型

B

A

袋身1片（表層布・鋪棉・裡布）

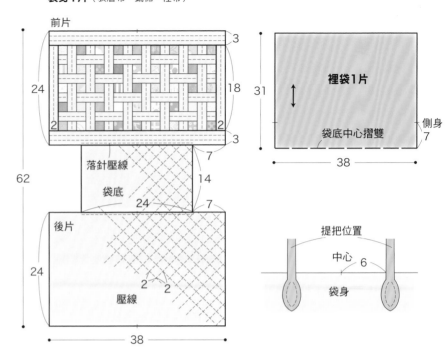

前片
3
24
18
2　　2
3
62
落針壓線
袋底
14
24
7
7
後片
24
壓線
2　2
38

裡袋1片
31
袋底中心摺雙
側身 7
38

提把位置
中心 6
袋身

前片放大圖

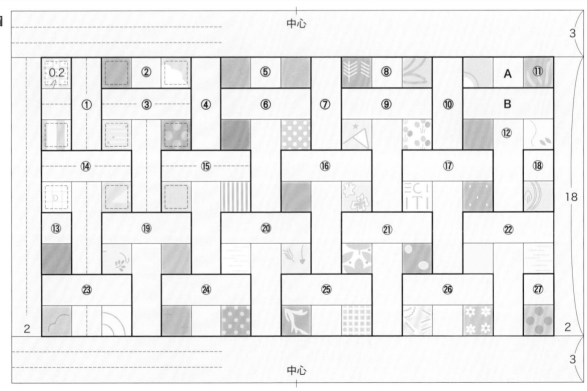

中心
3
0.2
4
② ⑤ ⑧ A ⑪
① ③ ④ ⑥ ⑦ ⑨ ⑩ B
⑫
D
⑭ ⑮ ⑯ ⑰ ⑱
18
⑬ ⑲ ⑳ ㉑ ㉒
㉓ ㉔ ㉕ ㉖ ㉗
2 2
中心
3

1 製作各布塊，嵌入拼接後，製作拼布的表層布。

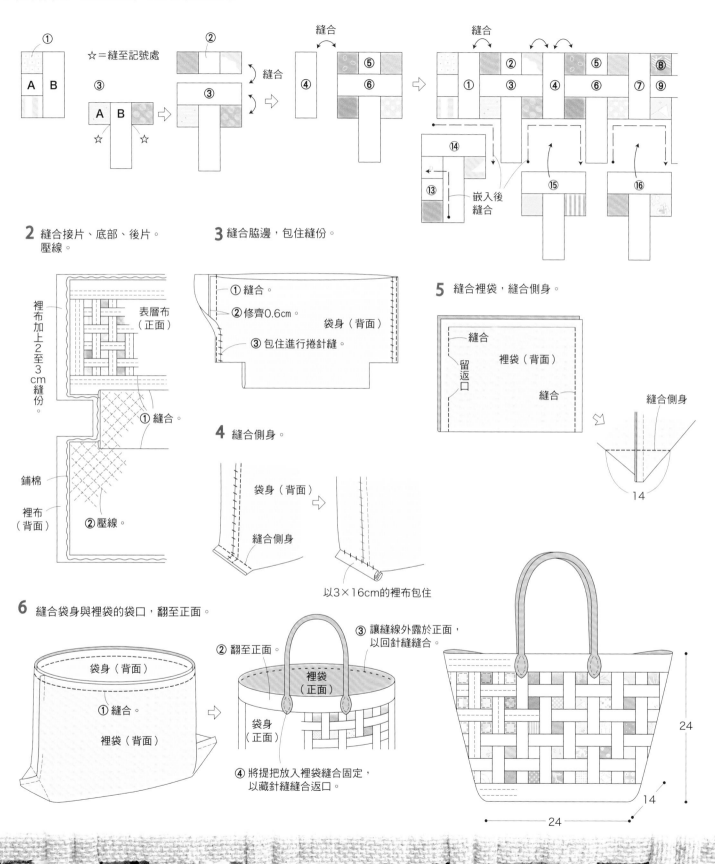

☆＝縫至記號處

縫合

2 縫合接片、底部、後片。壓線。

裡布加上2至3cm縫份。

表層布（正面）

鋪棉

裡布（背面）

① 縫合。

② 壓線。

3 縫合脇邊，包住縫份。

① 縫合。
② 修齊0.6cm。
③ 包住進行捲針縫。

袋身（背面）

4 縫合側身。

袋身（背面）
縫合側身

以3×16cm的裡布包住

5 縫合裡袋，縫合側身。

縫合
留返口
裡袋（背面）
縫合

縫合側身

14

6 縫合袋身與裡袋的袋口，翻至正面。

袋身（背面）
① 縫合。
裡袋（背面）

② 翻至正面。

裡袋（正面）
袋身（正面）

④ 將提把放入裡袋縫合固定，以藏針縫縫合返口。

③ 讓縫線外露於正面，以回針縫縫合。

24

14

24

購物包

在購物時，為了讓自己不要太累，盡可能以輕便的裝扮出門。

這個迷你包，前後都附有口袋，可以快速取出物品，非常方便

裝上可更換的肩背帶，變身成斜背包，當兩手拿滿東西時，也不用擔心。

how to make P.10

空間大又好用，前後附有口袋。

後片重點圖案的貼布縫。

8

橘子皮造型包

美味的橘子皮圖案。通常我會作成拼布，但這次以一張紙型製作貼布縫，變得非常輕巧，特別推薦給大家。水藍色與棕色各有不同的風味。製作寬側身，呈現獨特的弧形，放入物品後仍然能保有美麗的形狀。

how to make **P.12**

no. 4

no. 5

三角側身的獨特弧形是一大特色。

裝上拉鍊裝飾，更方便使用。

P.8 ⬡3 購物包

材料

拼接用布 貼布縫用布 適量
表布（米色織紋）110cm×25cm
別布（深棕色織紋）70cm×20cm
鋪棉 80cm×45cm
裡布 80cm×40cm
拉鍊 28cm 1條
D形環 1cm 2個
肩背帶 1條
提把 38cm 1組
25號繡線（棕色）
蠟繩 粗細0.1cm 12cm

※提把以2股拼布線以回針縫固定。

原寸紙型
A 面

袋身2片（別布・裡布・鋪棉・裡布）

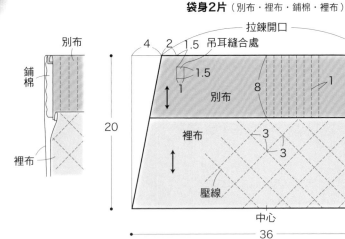

側耳2片（別布）

底部1片（表布・鋪棉・裡布）

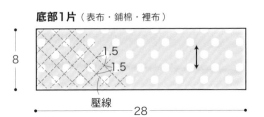

前口袋1片（表布・鋪棉・別布・裡布）

裝飾拉鍊
（拼接用布 2片）

後口袋1片（表布・鋪棉・別布・裡布）

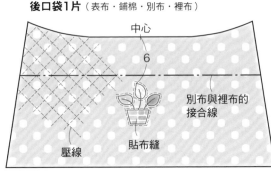

---

1 拼接後，縫合表布，製作表層布。

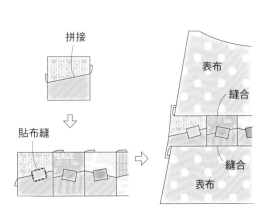

2 重疊表布與裡布、鋪棉後，縫合袋口。
翻至正面後壓線，製作口袋。

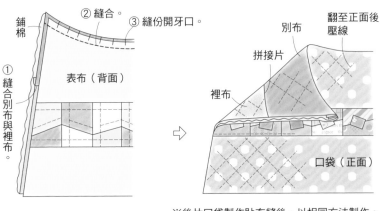

※後片口袋製作貼布縫後，以相同方法製作。

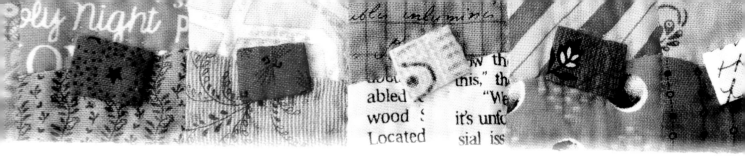

3 縫合袋身的別布與裡布的接片，重疊裡布、鋪棉後縫合袋口。

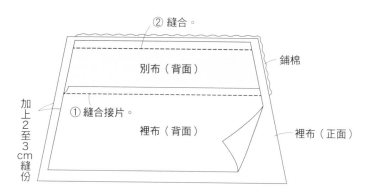

② 縫合。
鋪棉
別布（背面）
① 縫合接片。
裡布（背面）
裡布（正面）
加上2至3cm縫份

4 翻至正面，壓線。

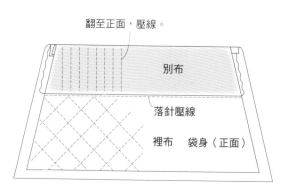

翻至正面，壓線。
別布
落針壓線
裡布　袋身（正面）

5 袋身與口袋重疊後縫合周圍。

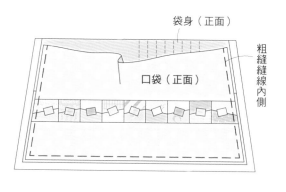

袋身（正面）
口袋（正面）
粗縫縫線內側

6 縫合袋身與底部。

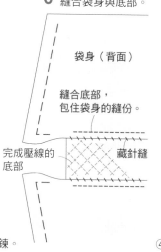

袋身（背面）
縫合底部，
包住袋身的縫份。
完成壓線的底部
藏針縫

7 縫合袋身脇邊，縫合側身。

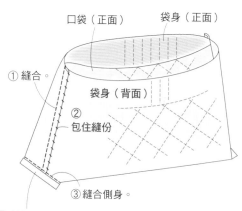

口袋（正面）　袋身（正面）
① 縫合。
袋身（背面）
② 包住縫份
③ 縫合側身。
④ 以3×10cm的裡布包住，
進行藏針縫。

8 裝飾拉鍊。

① 將蠟繩穿過拉鍊。
② 以線纏繞繩子邊端。
6
⑤ 放入裡面，進行藏針縫。
③ 摺縫份。
1打開
④ 2片對齊後進行藏針縫

9 袋身裝上D形環及拉鍊。

① 摺四等份，進行藏針縫。
吊耳
② 穿過D形環。
1.5
③ 後片袋身進行藏針縫。
④ 拉鍊以回針縫固定。
⑤ 藏針縫。

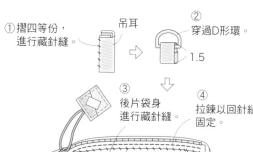

避開後片口袋

裝上提把
20
8
28

材料

貼布縫用布（原色）適量

表布（no.4水藍色／no.5棕色格紋）
　　　各45cm×55cm

別布（淡棕色條紋）90cm×60cm

鋪棉　65cm×60cm

裡布　90cm×60cm

拉鍊　22cm　2條（袋口用）

　　　35cm　1條（口袋用）

提把　50cm　1組

包鈕　直徑1.8cm　11個

包鈕用布 適量

蠟線（原色）

※拉鍊裝飾以直徑4cm的圓製作。（作法P.88）

※袋口及口袋的滾邊布以3條3.5cm×45cm的斜紋布製作，
　側身的滾邊布以2條60cm的布製作。

※提把取2股拼布線以回針縫固定。

※繡法P.88。

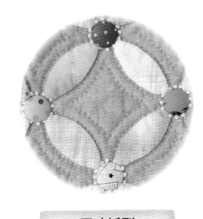

原寸紙型
A 面

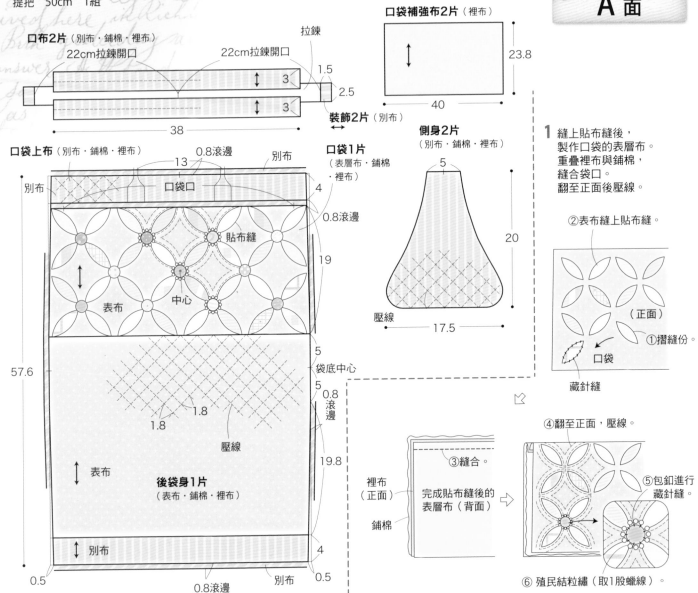

口布2片（別布・鋪棉・裡布）
22cm拉鍊開口　22cm拉鍊開口　拉鍊
1.5　3　2.5
38
裝飾2片（別布）

口袋補強布2片（裡布）
23.8
40

口袋1片
（表層布・鋪棉・裡布）
0.8滾邊　別布
13
口袋口　4
0.8滾邊
貼布縫　19
表布
中心
別布
57.6

側身2片
（別布・鋪棉・裡布）
5
20
壓線
17.5

袋底中心
5
5
0.8滾邊
19.8

口袋上布（別布・鋪棉・裡布）
1.8　1.8
壓線
後袋身1片
（表布・鋪棉・裡布）
別布
0.5　0.8滾邊　別布　0.5
40
4

1 縫上貼布縫後，
製作口袋的表層布。
重疊裡布與鋪棉，
縫合袋口。
翻至正面後壓線。

②表布縫上貼布縫。
（正面）
①摺縫份。
口袋
藏針縫

③縫合。
裡布（正面）
鋪棉
完成貼布縫後的
表層布（背面）

④翻至正面，壓線。
⑤包鈕進行
藏針縫

⑥ 殖民結粒繡（取1股蠟線）。

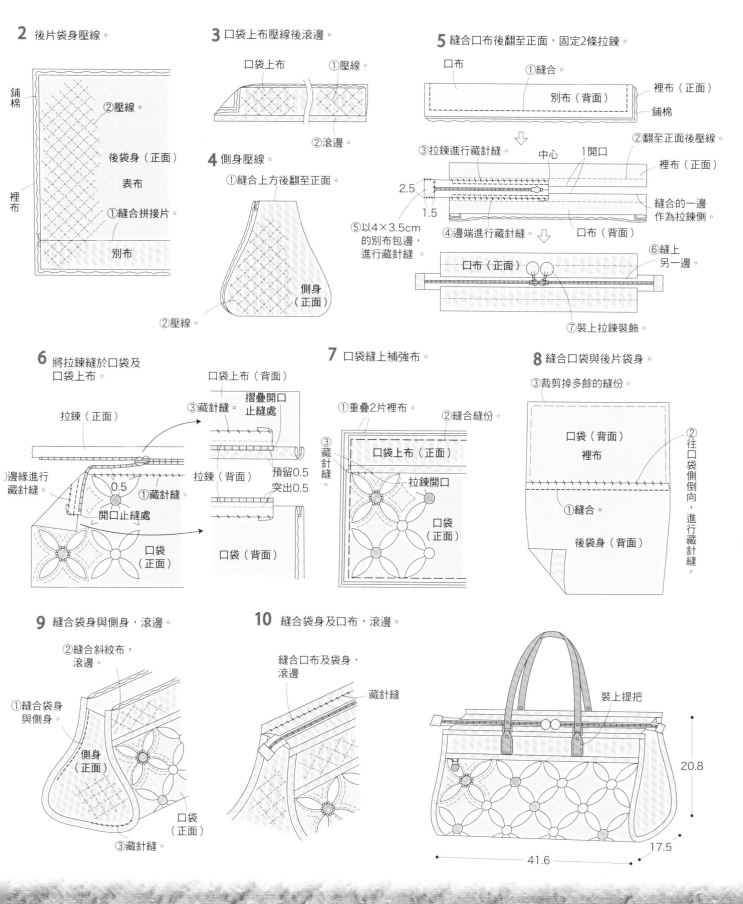

2 後片袋身壓線。

鋪棉
裡布

②壓線。
後袋身（正面）
表布
①縫合拼接片。
別布

3 口袋上布壓線後滾邊。

口袋上布　①壓線。
②滾邊。

4 側身壓線。

①縫合上方後翻至正面。
側身（正面）
②壓線。

5 縫合口布後翻至正面，固定2條拉鍊。

口布　①縫合。
裡布（正面）
別布（背面）
鋪棉

②翻至正面後壓線。
③拉鍊進行藏針縫。　中心　1開口
裡布（正面）
2.5
1.5
縫合的一邊作為拉鍊側。
④邊端進行藏針縫。　口布（背面）
⑤以4×3.5cm的別布包邊，進行藏針縫。

口布（正面）
⑥縫上另一邊。
⑦裝上拉鍊裝飾。

6 將拉鍊縫於口袋及口袋上布。

拉鍊（正面）
口袋上布（背面）
③藏針縫。
摺疊開口止縫處
邊緣進行藏針縫
0.5
①藏針縫。
開口止縫處
口袋（正面）
拉鍊（背面）
預留0.5
突出0.5
口袋（背面）

7 口袋縫上補強布。

①重疊2片裡布
②縫合縫份
③藏針縫。
口袋上布（正面）
拉鍊開口
口袋（正面）

8 縫合口袋與後片袋身。

③裁剪掉多餘的縫份。
口袋（背面）
裡布
②往口袋側倒向，進行藏針縫。
①縫合。
後袋身（背面）

9 縫合袋身與側身，滾邊。

②縫合斜紋布，滾邊。
①縫合袋身與側身。
側身（正面）
口袋（正面）
③藏針縫。

10 縫合袋身及口布，滾邊。

縫合口布及袋身，滾邊
藏針縫

裝上提把
20.8
17.5
41.6

雅致兩用背包

最近有很多朋友向我反應，希望我能製作背包。為了因應大家的需求，我製作了能斜背的兩用背包。設計的第一要素是方便好用。小木屋圖案盡可能選用相同色系，能呈現淡色高雅的布料搭配組合。

how to make **P.16**

後側附有口袋

背帶的一邊卸下調整後，變身
成肩背包。將小木屋圖案部位
摺疊後再使用。
肩背帶的長度可以調整，所以
也能斜背喔！

P.14 ⬡6 雅致兩用背包

材料

拼接用布（A15片／B120片／邊布）適量

表布（棕色格紋）110cm×50cm

鋪棉　80cm×45cm

裡布　80cm×45cm

拉鍊　25cm　2條（袋口用）
　　　28cm　1條（後口袋用）

背包金屬配件

包包釦絆

※拉鍊裝飾以直徑4cm的圓製作（作法P.88）
※口袋的滾邊使用寬3.5cm×40cm的斜紋布。
※金屬配件取2股拼布線以回針縫固定。

原寸紙型 A 面

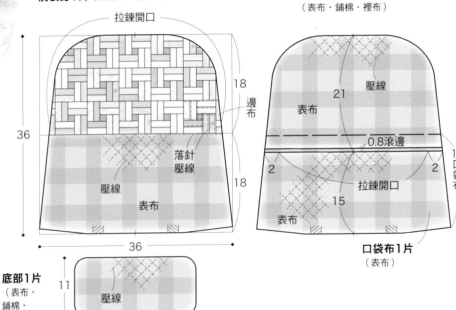

前袋身1片（表層布・鋪棉・裡布）

拉鍊開口

邊布

落針壓線

壓線

表布

36

36

18

18

後袋身上・下各1片
（表布・鋪棉・裡布）

壓線

21

表布

0.8滾邊

2　2

拉鍊開口

15

表布

17 口袋布

口袋布1片
（表布）

底部1片（表布・鋪棉・裡布）

壓線

11

23

1

拼接製作15片布塊
縫合邊布、裡布，製作表層布。

※邊布也可以使用1片布，建議多作一些布塊裁剪。

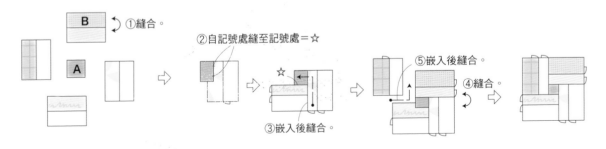

B ①縫合。

A

②自記號處縫至記號處＝☆

③嵌入後縫合。

⑤嵌入後縫合。

④縫合。

---

2 重疊表層布、裡布、鋪棉後縫合周圍，翻至正面後壓線。

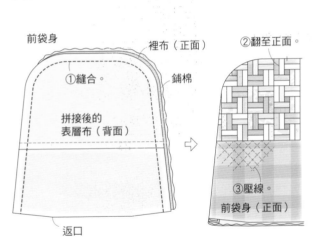

前袋身

裡布（正面）

鋪棉

①縫合。

拼接後的表層布（背面）

②翻至正面。

③壓線。

前袋身（正面）

返口

3 後袋身相同方式縫合後壓線。

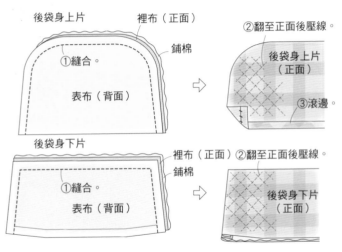

後袋身上片

裡布（正面）

鋪棉

①縫合。

表布（背面）

②翻至正面後壓線。

後袋身上片（正面）

③滾邊。

後袋身下片

裡布（正面）②翻至正面後壓線。

鋪棉

①縫合。

表布（背面）

後袋身下片（正面）

4 前袋身裝上拉鍊。

①中心對齊拉鍊前端。

②藏針縫。

前袋身（正面）

5 後袋身的袋口裝上拉鍊。

拉鍊（正面）

2 ⬜ 2

後袋身下片（正面）

①藏針縫。

後袋身上片（正面）

③以假縫暫時固定拉鍊。

拉鍊

②對齊滾邊的邊端重疊。

後袋身上片（背面）⑤藏針縫

④回針縫。

後袋身下片（背面）

後袋身（正面）

⑦藏針縫。⑥拆掉假縫。

⑦藏針縫。

拉鍊開口

6 後袋身的袋口縫上拉鍊，
脅邊以藏針縫縫合，底部抓褶。

前袋身（背面）

後袋身（背面）

②抓褶後進行假縫。

（背面）

①表布與表布進行捲針縫。

7 底部壓線後，與袋身組合。

袋身（背面）

①縫合。

底部（背面）

②以袋身的裡布包覆縫份，
進行藏針縫。

8 後袋身縫上口袋。

後袋身上片（背面）

③藏針縫。

0.5

①三摺邊縫合。

17

口袋（正面）

②抓褶。

9 縫合金屬配件。

縫合背包金屬配件

後袋身（正面）

1

裝上包包釦絆

1

脅邊

裝上拉鍊

36

23

11

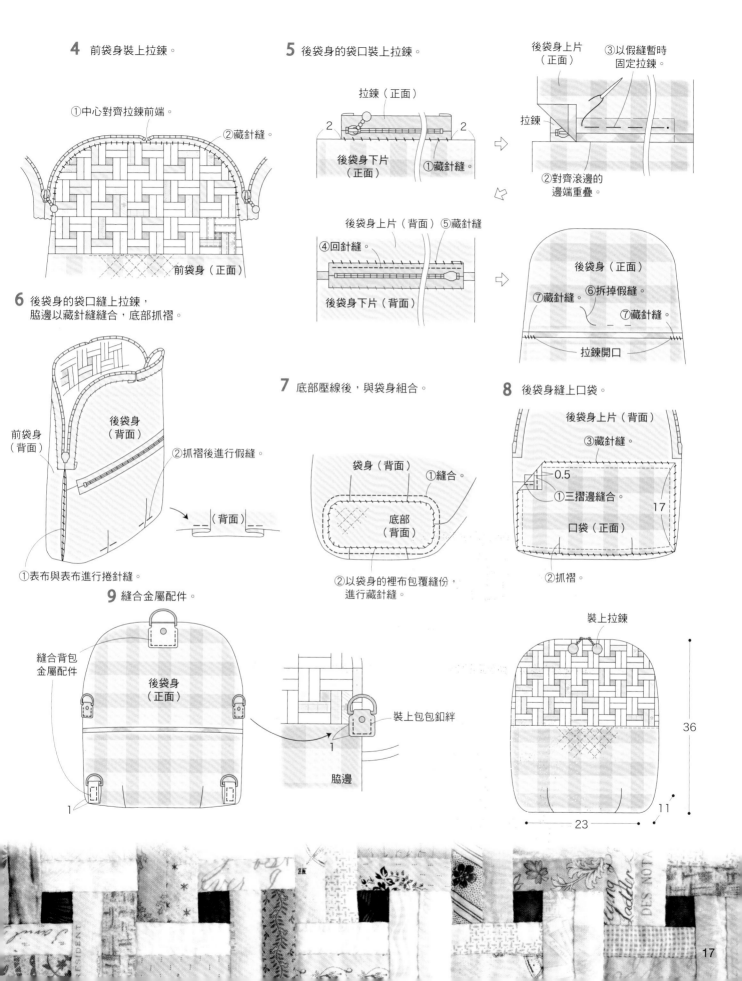

同心圓串珠包・眼鏡包

經常思考著想要挑戰新事物。閃亮的、無光澤的、炮銅色（有光澤的深灰色）的串珠，盡情地串起珠子，一邊試作一邊調整，並考慮串珠及布料的整體感，作各式各樣的組合。我也很好奇大家會變化出怎樣的作品呢！

no. 7

no. 8

how to make　7 P.20 / 8 P.21

古董拼布風包

尋找1850年代風格的布料，將布料細心地拼接起來。
我非常喜歡鮮豔向日葵美麗的圖案，「這是用幾十年前的
古董拼布製成的嗎？」若是能這樣被問，那就太棒了！

how to make **P.22**

no. 9

材料

貼布縫用布 適量
表布（米色）100cm×55cm
鋪棉 55cm×85cm
裡布 55cm×90cm
串珠 直徑0.3cm 適量
提把 約45cm 1組

※在貼布縫周圍縫上8至16顆串珠。

原寸紙型
A 面

前片貼布縫位置

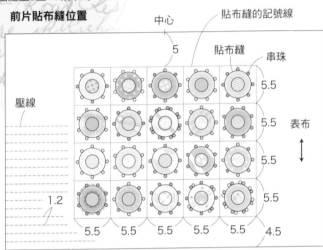

中心
貼布縫的記號線
5
貼布縫
串珠
5.5
5.5
5.5
5.5
壓線
表布
1.2
5.5 5.5 5.5 5.5 5.5 4.5

袋身1片（表層布・鋪棉・裡布）

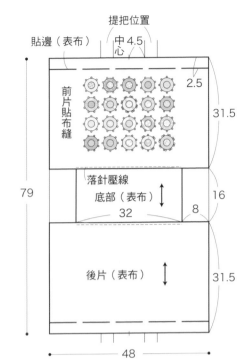

提把位置
中 4.5
中心
貼邊（表布）
2.5
前片貼布縫
31.5
79
落針壓線
底部（表布）
32
16
8
後片（表布）
31.5
48

1 縫上貼布縫後製作表層布。
壓線後依脇邊、側身的順序縫合。

2 夾入提把縫合貼邊。

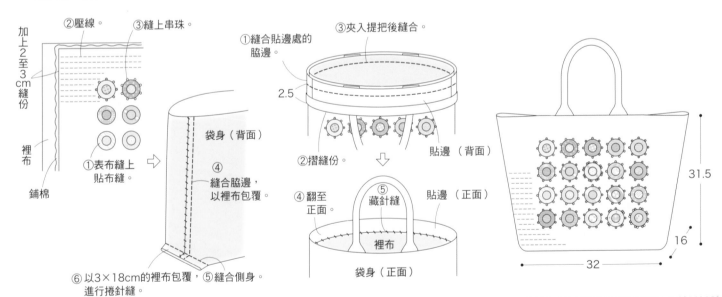

②壓線。
③縫上串珠。
加上2至3cm縫份
裡布
鋪棉
①表布縫上貼布縫。

袋身（背面）
④縫合脇邊，以裡布包覆。

⑥以3×18cm的裡布包覆，進行捲針縫。
⑤縫合側身。

①縫合貼邊處的脇邊。
③夾入提把後縫合。
2.5
②摺縫份。
貼邊（背面）
④翻至正面。
⑤藏針縫
貼邊（正面）
裡布
袋身（正面）

31.5
16
32

P.18 8 同心圓串珠眼鏡包

材料

貼布縫用布　適量
表布（米色）60cm×30cm
鋪棉　25cm×30cm
裡布　25cm×35cm
串珠　0.3cm　各色合計32個
拉鍊　30cm　1條
25號繡線（深棕色）

※袋口滾邊布使用寬3.5cm×40cm
　的斜紋布 2條。
※繡法P.88。

原寸紙型
A 面

1 縫上貼布縫再縫合底部、後片。
　　壓線後進行滾邊。

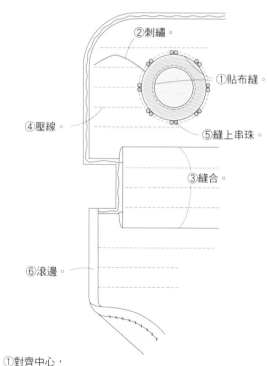

②刺繡。
①貼布縫。
④壓線。
⑤縫上串珠。
③縫合。
⑥滾邊。

袋身1片（表層布・鋪棉・裡布）

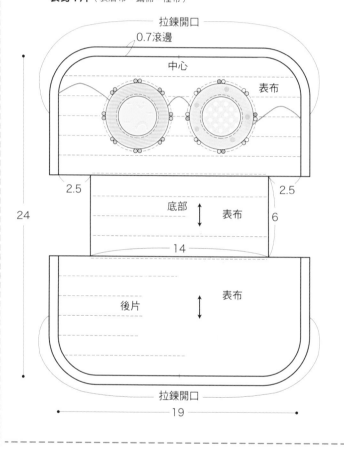

拉鍊開口
0.7滾邊
中心
表布
2.5
2.5
6
底部　　表布
14
後片　　表布
24
拉鍊開口
19

①對齊中心，
　假縫拉鍊。

2 縫上拉鍊，脇邊進行藏針縫，
　　縫合側身。

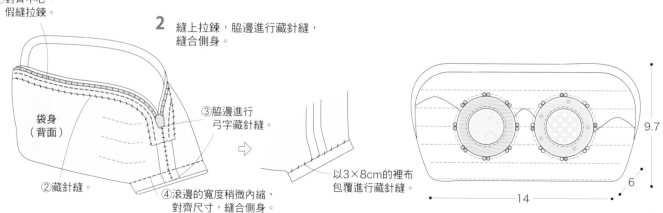

袋身
（背面）

②藏針縫。

③脇邊進行
弓字藏針縫。

④滾邊的寬度稍微內縮，
　對齊尺寸，縫合側身。

以3×8cm的裡布
包覆進行藏針縫。

9.7
6
14

21

原寸紙型
B 面

材料

拼接用布
　米色（C128片）90cm×25cm
　印花布（B128片／D 8 片／F12片／G8片）70cm×60cm
表布（水色　A128片／E16片）110cm×80cm
鋪棉　50cm×80cm
裡布　50cm×80cm
提把　50cm　1組

※袋口滾邊布使用寬3.5cm×100cm的直紋布。
※提把取2股拼布線以回針縫固定。

袋身1片（表層布・鋪棉・裡布）

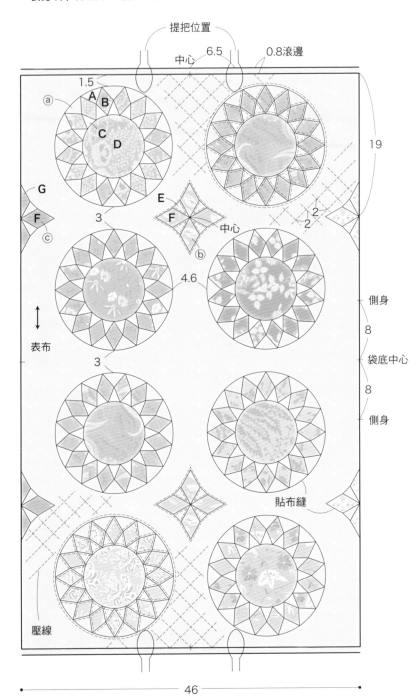

提把位置
中心　　6.5　　0.8滾邊
1.5
ⓐ
A B
C
D
G
F
ⓒ
E
F
中心
ⓑ
3
4.6
19
2
2
側身
8
袋底中心
8
側身
貼布縫
表布
3
壓線
76
46

22

1 拼接後製作圓形圖案。縫份以平針縫拉緊。

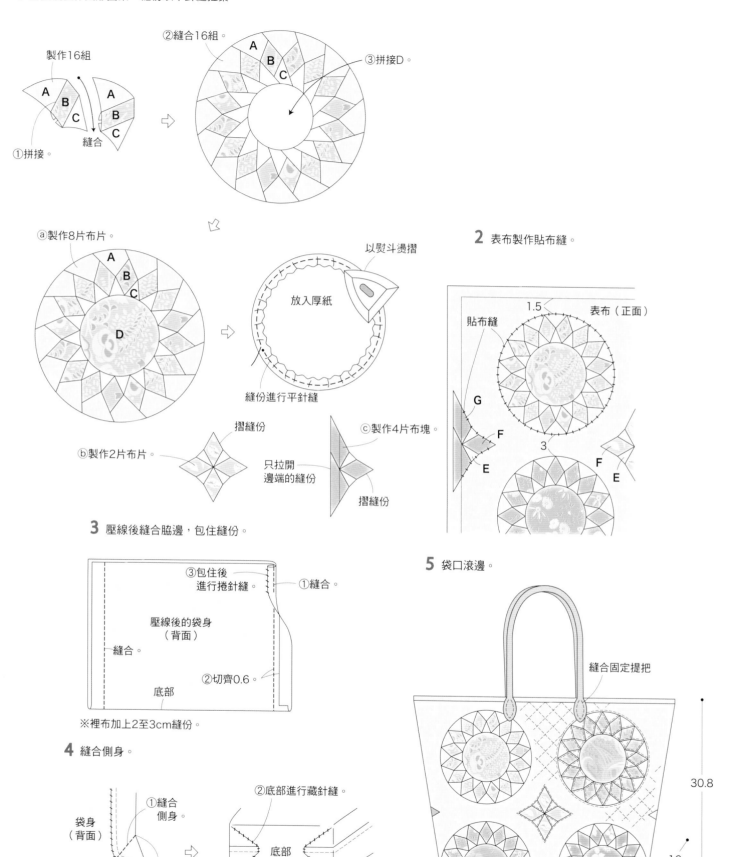

製作16組
①拼接。
縫合
②縫合16組。
A B C
③拼接D。

ⓐ製作8片布片。
A B C D
放入厚紙
以熨斗燙摺
縫份進行平針縫

ⓑ製作2片布片。
摺縫份
ⓒ製作4片布塊。
只拉開邊端的縫份
摺縫份

2 表布製作貼布縫。

貼布縫
表布（正面）
1.5
G
F
E
3
F
E

3 壓線後縫合脇邊，包住縫份。

①縫合。
③包住後進行捲針縫。
壓線後的袋身（背面）
縫合。
②切齊0.6。
底部

※裡布加上2至3cm縫份。

4 縫合側身。

袋身（背面）
①縫合側身。
16
②底部進行藏針縫。
底部

5 袋口滾邊。

縫合固定提把
30.8
16
30

no. 10 ★

白色刺繡造型包

因為喜歡美國棉，所以訂購了很多，在等
待了半年左右終於到貨。
就在快要忘記的時候，意想不到的禮物突
然送到。作為一個拼布作家，總是有許多
令人心動驚喜的時刻。一收到馬上就以剪
刀粗裁三角形，進行配色。希望大家會喜
歡這沉穩的配色與新潮的圖案＆這一款優
雅的白色刺繡包。

how to make　**P.26**

no. 11

清爽香氣壁飾

大小適中的迷你壁飾，再多都不夠用。
周圍的滾邊是以0.7至0.8cm的細長布條完成，
以「清爽香氣」作為設計概念。

how to make　**P.80**

材料

拼接用布（A56片）
　55cm×30cm
表布（米色　A56片）
　90cm×60cm
鋪棉　90cm×50cm
裡布　95cm×65cm
拉鍊　24cm　1條（口袋用）
提把　50cm　1組
25號繡線（原色）

※袋口滾邊使用
　寬3.5cm×90cm的直紋布。
※提把取2股拼布線
　以回針縫固定。
※繡法P.88。

原寸紙型
A 面

袋身2片（表層布・鋪棉・裡布）

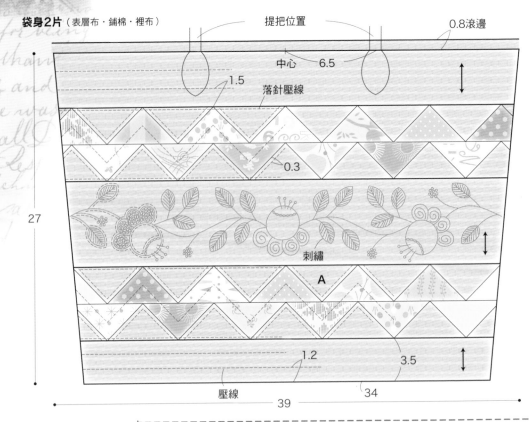

提把位置　　　　　　0.8滾邊
中心　6.5
1.5
落針壓線
0.3
刺繡
A
27
1.2　　3.5
壓線　　34
39

底部1片（表布・鋪棉・裡布）

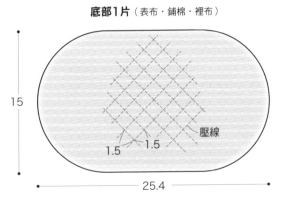

15
壓線
1.5　1.5
25.4

1 拼接後製作表層布。
　壓線。

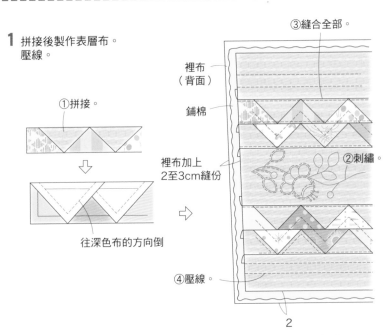

①拼接。

往深色布的方向倒

裡布加上
2至3cm縫份

③縫合全部。
裡布
（背面）
鋪棉
②刺繡
④壓線。
2

2 縫合袋身的脇邊，包住縫份。

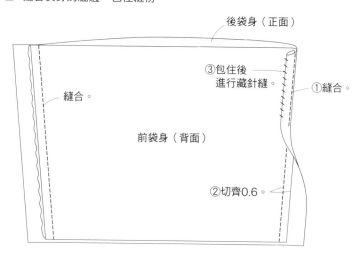

後袋身（正面）

③包住後
進行藏針縫。

①縫合。

縫合。

前袋身（背面）

②切齊0.6。

3 底部壓線後，
縫合袋身。

4 袋口滾邊。

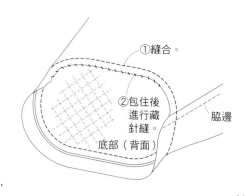

①縫合。

②包住後
進行藏
針縫。

脇邊

底部（背面）

5 縫合2片內口袋，一片縫上拉鍊，
袋身進行藏針縫。

內口袋2片
（裡布）

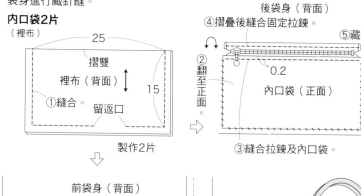

摺雙

裡布（背面）

①縫合。

留返口

25

15

製作2片

後袋身（背面）
④摺疊後縫合固定拉鍊。

⑤藏針縫。

②翻至正面

0.2

內口袋（正面）

③縫合拉鍊及內口袋。

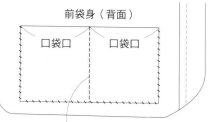

前袋身（背面）

口袋口

口袋口

在中央進行回針縫，讓縫線不外露，
作出隔間。

縫上提把

27.8

15

25.4

杯子造型花朵包

看到亞麻色淡色直紋布的瞬間，有種「好像可以作出以往沒有的作品！」的興奮心情。簡單的半圓形重覆排列後，呈現令人印象深刻的圖案。半圓形的花朵刺繡也很有吸睛效果，非常可愛吧？

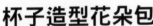

how to make **P.82**

後側
2朵並排的花朵，作成小口袋。

no. 12

花水木

每年到了春天之際，像是約定好了一樣，花水木綻開，討人喜歡，是我喜歡的花朵之一。與綠葉相襯的畫面很美麗，總是令人想多拍幾張照片。作品中的花瓣呈現出立體感，請仔細閱讀作法後再進行縫製。

how to make **P.30**

no. 13

膨起來的花瓣呈現立體感。

材料

拼接用布
粉紅色（A8片／B8片）30cm×15cm
　原色小碎花（A8片／B8片）30cm×15cm
　白色印花（DD'各16片）20cm×20cm
　黃綠色（C16片）35cm×20cm
貼布縫用布適量
表布（米色織紋）65cm×25cm
別布（米色條紋）40cm×20cm
鋪棉　35cm×60cm
裡布　40cm×60cm
提把　42cm　1組
25號繡線（深棕色）
蠟線（原色）
手工藝用棉花 適量

※袋口滾邊使用寬3.5cm×70cm的直紋布。
※提把取2股拼布線以回針縫固定。
※繡法P.88。

裁布圖

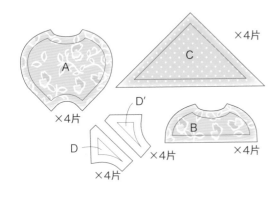

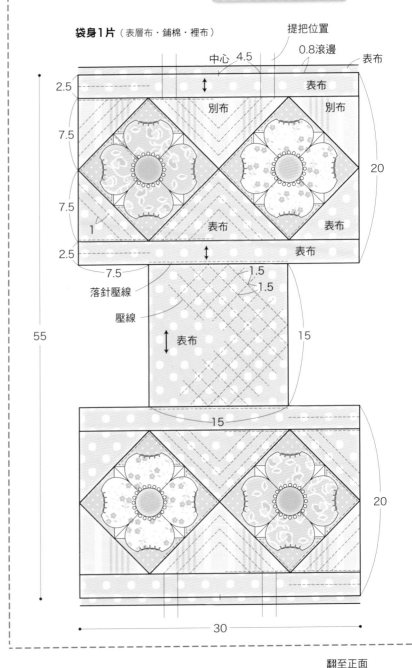

原寸紙型
B 面

袋身1片（表層布・鋪棉・裡布）

1 C與B、A與DD'各自縫合。
　對齊A與B的花瓣前端縫合。
　花瓣翻至正面。

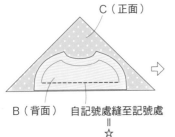

2 將步驟1的4片縫合，中心縫上貼布縫後製作花水木圖案。

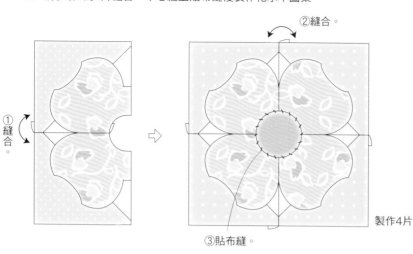

①縫合。

②縫合。

③貼布縫。

製作4片

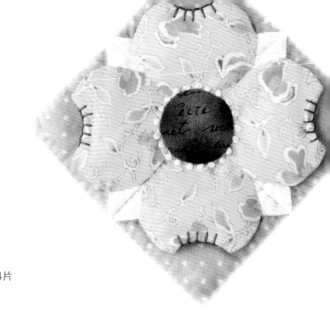

3 與表布、別布縫合後製作表層布。

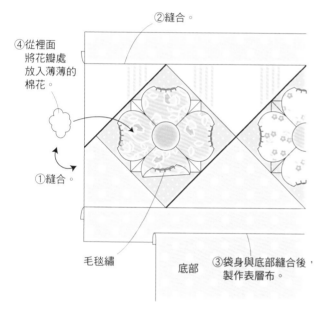

④從裡面
將花瓣處
放入薄薄的
棉花。

②縫合。

①縫合。

毛毯繡

底部

③袋身與底部縫合後，
製作表層布。

4 重疊表層布與鋪棉、裡布後壓線。

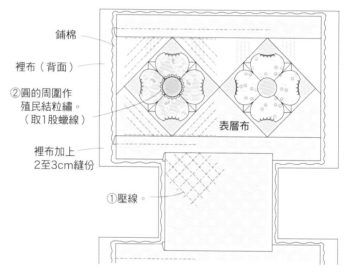

鋪棉

裡布（背面）

②圓的周圍作
殖民結粒繡。
（取1股蠟線）

表層布

裡布加上
2至3cm縫份

①壓線。

5 縫合脅邊、縫合隔間。裝上提把。

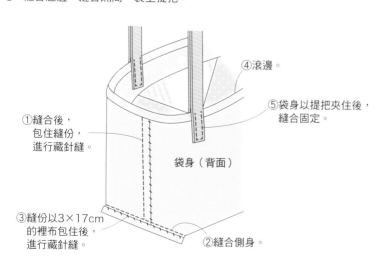

④滾邊。

⑤袋身以提把夾住後，
縫合固定。

①縫合後，
包住縫份，
進行藏針縫。

袋身（背面）

③縫份以3×17cm
的裡布包住後，
進行藏針縫。

②縫合側身。

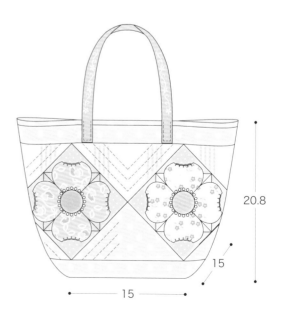

20.8

15

15

歡樂氣氛小屋

主題選用大家都喜歡的房屋圖樣。
這次不只貼布縫，也製作了拼布。
同樣的圖案也想製作成有邊框的款
式。

how to make **P.34**

no. 14

巴黎的砂色

巴黎的女性能將黃砂色的衣服
作出完美的搭配，我也很喜歡
黃砂色，但是搭配穿著實在是
有點難……但至少我可以透過
包包搭配，試著以亞麻布簡單
地拼接，製作包包吧！

how to make **P.35**

no. ⬡15

以零碼布包覆裝飾提把。

材料

拼接用布、貼布縫用布適量
表布（黃綠色格紋）35cm×30cm
a布（土黃色格紋）35cm×10cm
b布（米色）35cm×15cm
c布（米色格紋）35cm×20cm

d布（米色條紋）35cm×35cm
鋪棉　90cm×30cm
裡布　90cm×30cm
提把　50cm　1組
25號繡線（棕色・藍色）

※袋口滾邊使用寬3.5cm×70cm的直紋布。
※提把以2股拼布線以回針縫固定。
※繡法P.88。

前袋身1片（表層布・鋪棉・裡布）

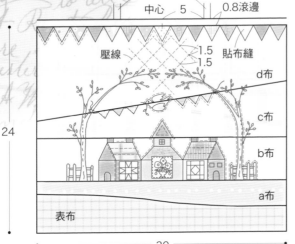

提把位置
中心　5　　0.8滾邊
壓線　　　1.5　貼布縫
　　　　　1.5
d布
c布
b布
a布
表布
24
30

後袋身1片（表層布・鋪棉・裡布）

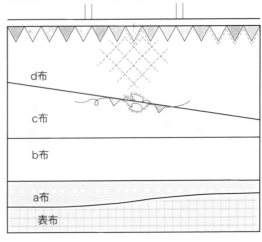

d布
c布
b布
a布
表布

底部1片
（表布・鋪棉・裡布）

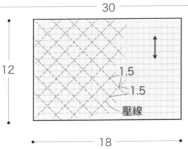

12
1.5
1.5
壓線
18

原寸紙型
B 面

---

1 拼接後製作表層布。

①拼接。
②貼布縫。
③縫合。
④放上完成刺繡的貼布縫。

2 壓線後，
縫合脇邊、底部。

※裡布加上2至3cm縫份。

③縫合脇邊。　⑤滾邊。
完成壓線的袋身
（背面）
①縫合袋身與底部。
②縫份進行
藏針縫
④縫合底部與側身，
縫份以裡布包住。
底部（背面）

3 裝上提把。

提把（背面）
2.5
3
袋身
（背面）
①縫線不外露於
正面，挑縫。
②放上裡布後
進行藏針縫。

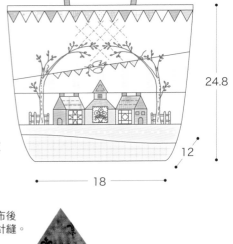

24.8
12
18

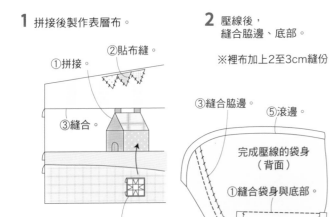

材料

拼接用布 紅色（A22片）25cm×20cm
表布（米色 B40片 C8片）100cm×40cm
配色布合計 40cm×35cm
口布、貼邊、穿繩布（黑色印花）40cm×35cm
鋪棉 100cm×35cm
裡布 100cm×35cm
蕾絲 2cm 75cm
提把帶 43cm 1組
提把裝飾布
蠟繩 粗細0.2cm 220cm

※穿過口布的蠟繩100cm 2條。
※裝飾部分以直徑4cm的圓形製作（作法P.88）

原寸紙型 B 面

※全部的紋路皆為 ↕

袋身2片（表層布・鋪棉・裡布）

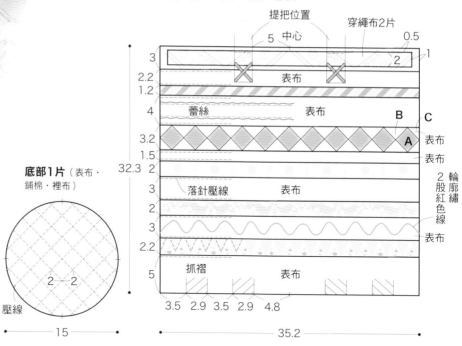

提把位置
5 中心
穿繩布2片
0.5
1
2
表布
3
2.2
1.2
4 蕾絲 表布 B C
3.2 A 表布
1.5 表布
32.3 2 2 輪廓繡 2股 紅色線
3 落針壓線 表布
2 表布
3
2.2
5 抓褶 表布
3.5 2.9 3.5 2.9 4.8
35.2

底部1片（表層布・鋪棉・裡布）
2←2
壓線
15

1 拼接後製作表層布。壓線後，抓褶。

① 拼接、刺繡，縫上蕾絲後壓線。

鋪棉
袋身（正面）
裡布

② 摺疊皺褶後假縫。

※裡布加上2至3cm縫份。

3 袋口假縫貼邊，縫上穿繩布。

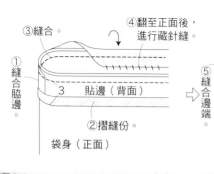

③縫合。
④翻至正面後，進行藏針縫。
①縫合脇邊。
3 貼邊（背面）
②摺縫份。
袋身（正面）

2 縫合袋身的脇邊，與完成壓線的底部縫合。

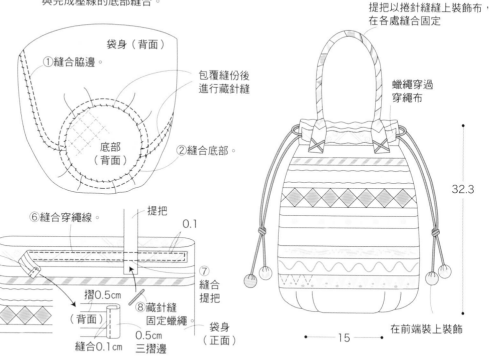

①縫合脇邊。
袋身（背面）
包覆縫份後進行藏針縫
底部（背面）
②縫合底部。

⑥縫合穿繩線。
提把
0.1
⑤縫合邊端
⑦縫合提把
⑧藏針縫固定蠟繩
摺0.5cm
（背面）
縫合0.1cm
0.5cm
三摺邊
袋身（正面）

提把以捲針縫縫上裝飾布，在各處縫合固定
蠟繩穿過穿繩布
32.3
15
在前端裝上裝飾

反向貼布縫裝飾包

喜歡以花當作主題的圖案，搭配布料，用心製作完成。
不同組合的印花布，能夠創造出無限的可能性。在包包
的中央，周圍布料製作反向貼布縫，花瓣很美麗，令人
感到平靜。

how to make　**P.38**

no. 16

保特瓶袋

與包包搭配成組的保特瓶袋。成品呈現優
雅氣質。令人想擁有一個自己的保特瓶
袋，太喜歡成品，反而捨不得用，真是令
人煩惱。

how to make　**P.81**

no. 17

包包後側以單枝花朵裝飾

保特瓶袋使用拉鍊式開合。
後側以小花裝飾。

包包中央使用反向貼布縫技法。
作法與貼布縫相反。

P.36 |16| 反向貼布縫裝飾包

材料

拼接用布
　棕色（A34片）25cm×30cm
　米色　25cm×25cm
　綠色　15cm×20cm
表布（米色橫紋）60cm×20cm
別布a（米色印花）30cm×20cm
別布b（深紅色印花布）20cm×15cm
花朵用貼布縫、拼接用布適量
鋪棉　30cm×65cm
裡布　30cm×65cm
提把　35cm　1組
D形環　1.5cm　2個
肩背帶　1條
25號繡線（灰色）
磁釦　直徑1cm　1組

※提把取2股拼布線以回針縫固定。
※繡法P.88。

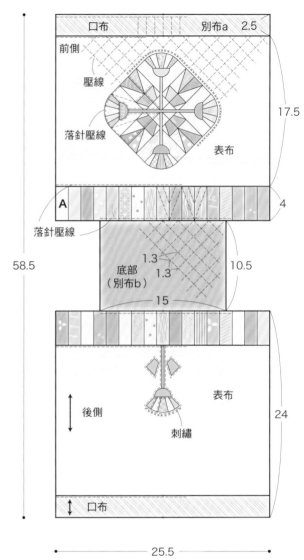

貼邊2片（別布a）

3.5　　25.5

磁釦釦絆1片（別布a）

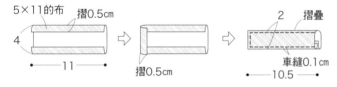

5×11的布　摺0.5cm　　　　2　摺疊
4　　11　　摺0.5cm　　車縫0.1cm　10.5

釦絆2片（別布b）

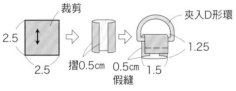

裁剪　　　　夾入D形環
2.5　　2.5　摺0.5cm　0.5cm　1.5　1.25　假縫

袋布1片（表層布·鋪棉·裡布）

口布　別布a　2.5
前側　壓線　落針壓線　表布
17.5
A　4
落針壓線
1.3　1.3　底部（別布b）　10.5
15
58.5
後側　表布　刺繡　24
口布
25.5

1 拼接，製作貼布縫，及花朵部分。

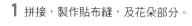

②縫合。

①縫合。

※製作4片

⑥莖部作成貼布縫。

⑤縫合。

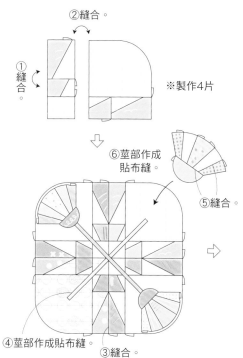

④莖部作成貼布縫。

③縫合。

2 製作袋身表層布。
挖空表布，
將花朵部分背面相對進行藏針縫。

②背面相對進行貼布縫，假縫。

縫合口布

①留0.7空間，挖空。

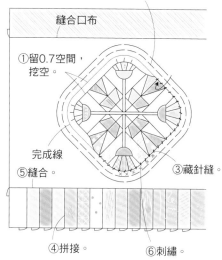

完成線

⑤縫合。

③藏針縫。

④拼接。

⑥刺繡。

3 重疊表層布、鋪棉與裡布後壓線。
縫合脇邊，包住縫份。縫合側身。

③包住後進行藏針縫。

①縫合。

完成壓線的袋身
（背面）

②切齊0.6cm。

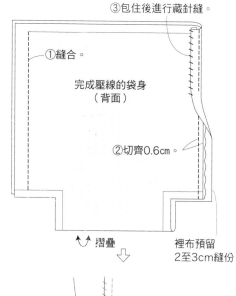

↕摺疊

裡布預留
2至3cm縫份

⑤以3×12.5cm
的裡布包住，
進行藏針縫。

④縫合側身。

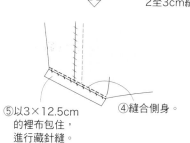

4 夾入釦絆，縫合袋口及貼邊。

①縫合貼邊，縫線前後中心對齊。

③縫合。

釦絆

貼邊
（背面）

袋布（正面）

3

脇邊
夾入釦絆

②摺疊縫份。

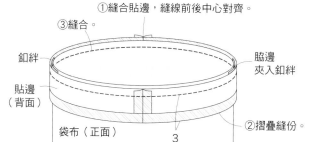

⑥下側裝上磁釦。

0.5

⑤夾入磁釦後進行藏針縫。

10

貼邊（正面）

後袋身

④貼邊翻至正面，進行藏針縫。

3.5

前袋身

⑦內側縫上磁釦。

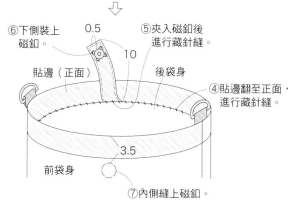

5 裝上提把。

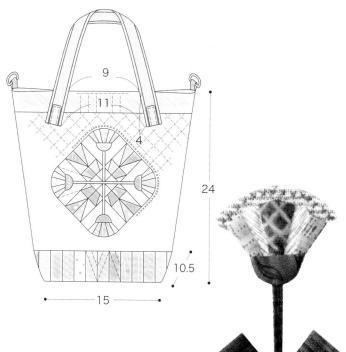

9

11

4

24

10.5

15

圓滾滾大包

樹木圖案的貼布縫簡單又可愛，
是我的最愛。
所以前後兩面都作了貼布縫。
大膽地變換布料材質製作也行喔！
側身空間大，圓滾滾的形狀，
真討人喜愛！

how to make **P.42**

how to make **P.42**

no. 18 ★

前片作了口袋設計，
十分便利。

斜向拉鍊包

由前到後斜向的拉鍊，包包開口大，容易取出內容物，非常方便。看起來體積雖小，尺寸剛好可以放入隨身必備的重要物品，非常適合外出使用。

how to make **P.44**

no. 19 ★

原寸紙型
B 面

材料

貼布縫用布 適量
表布（米色）50cm×20cm
別布a（水藍色）60cm×25cm
別布b（深棕色）80cm×20cm
鋪棉　80cm×40cm
裡布　80cm×40cm
拉鍊　28cm　1條
拉鍊裝飾　1個
提把　50cm　1組
25號繡線（原色）

※袋口滾邊使用寬3.5cm×32cm的斜紋布。
※提把取2股拼布線以回針縫固定。
※繡法P.88。

口袋1片（表布・鋪棉・裡布）

表布
14.3
1.8
1.8
壓線
22.4

袋布2片（別布b・裡布・鋪棉・裡布）

1.8
1.8
別布b　6
裡布
3.6
3.6
10
裡布
壓線
22.4

側面・底部1片（別布a・別布b・鋪棉・裡布）　　　拉鍊側身

別布b
側面
15.4

別布a
0.7cm滾邊
1.8
1.8
拉鍊開口
0.8
0.8
7
7
別布a

側面

別布b
底部
壓線

3.6　22.4　3.6
12.4　29.6　12.4　22.4

1 口袋的表布作貼布縫，刺繡。

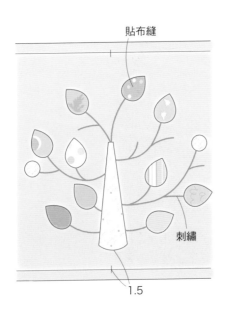

貼布縫

刺繡

1.5

2 重疊表布、裡布、鋪棉後，縫合袋口，翻至正面後壓線。

①縫合。

完成貼布縫後的表布
（背面）

裡布（正面）

鋪棉

②翻至正面後壓線。

口袋（正面）

3 袋身壓線。重疊口袋，縫合周圍。

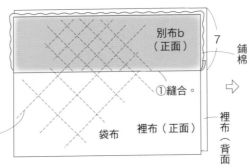

別布b
（正面）

7

鋪棉

①縫合。

②壓線。

裡布（正面）

袋布

裡布（背面）

③重疊

袋布（正面）

口袋（正面）

④疏縫縫份

4 拉鍊側身壓線，製作滾邊。假縫拉鍊。

拉鍊側身（正面）
裡布加上2至3cm縫份
①壓線。
②滾邊。
並排對齊後進行藏針縫

③對齊中心，拉鍊以回針縫固定。
裡布
④藏針縫。
拉鍊（背面）
拉鍊側身（背面）

5 將與側面、底部縫合完成的拉鍊側身夾入裡布，縫合。

裡布加上2至3cm縫份
⑥夾入拉鍊側身（正面）。
底部
別布b（背面）
側面
別布b（背面）
⑦縫合。
⑤側面與底部的表層布縫合。

6 翻至正面後壓線。縫合另一側的側面表層布及底部。裡布進行藏針縫，剩下的部分壓線。

②縫合後翻至正面。
捲針縫
①縫合後翻至正面。
預留約2cm壓線
側面
拉鍊側身
側面
底部
預留約2cm壓線
③壓線。

④側面與底部的表層布縫合。

別布b 側面
別布b 側面
底部（背面）
裡布
側面
拉鍊側身
⑤摺入裡布的縫份後進行藏針縫，完成剩下的壓線。

7 側面與側身縫合。

拉鍊側身（背面）
先將拉鍊拉開
①縫合。
側面（背面）
袋身（背面）
②縫份以裡布包住後，進行藏針縫。

8 縫合固定提把。裝上拉鍊裝飾。

提把
1
拉鍊側身
袋布（正面）
6
側面
翻開口袋，縫上提把。

16
15.4
22.4

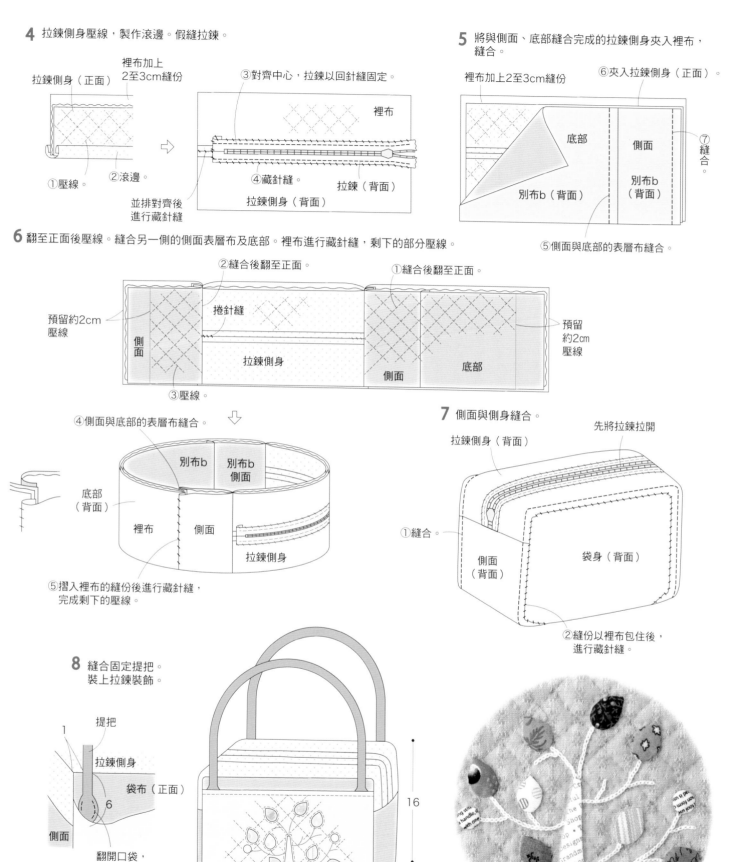

材料

拼接用布（A124片）60cm×50cm
表布（米色格紋）85cm×50cm
鋪棉　45cm×50cm
裡布　45cm×50cm
裝飾用布a 22cm×4.5cm
裝飾用布b 18cm×3cm
拉鍊　24cm　1條
包釦　直徑2.1cm　1個
厚紙　直徑2cm　1個
提把　48cm　1條
蠟繩　粗細0.1cm　12cm
木製串珠　直徑0.3cm　44個

※拉鍊的滾邊使用寬3.5cm×30cm的斜紋布2條，
　側身是110cm。
※提把取2股拼布線以回針縫固定。

側身1片（表布・鋪棉・裡布）

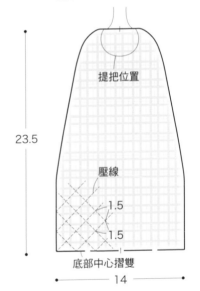

提把位置

23.5

壓線
1.5
1.5

底部中心摺雙

14

袋布1片（表層布・鋪棉・裡布）

後片　　　中心

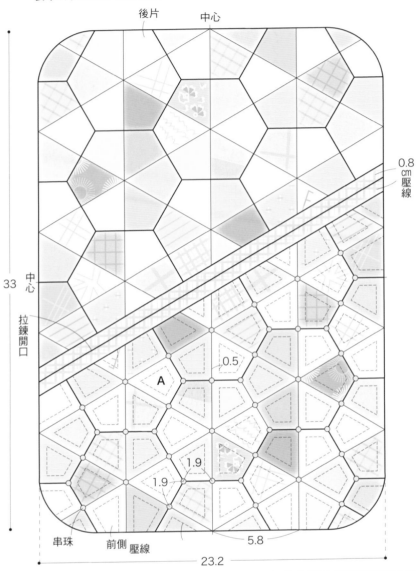

0.8 cm 壓線

33

中心
拉鍊開口

0.5

A

1.9

1.9

串珠　前側　壓線

5.8

23.2

1 拼接後作表層布。
重疊裡布與鋪棉後壓線。
袋口滾邊。

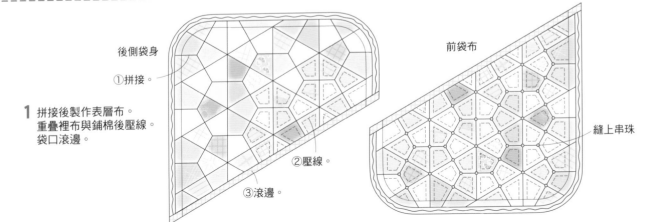

後側袋身

①拼接。

②壓線。

③滾邊。

前袋布

縫上串珠

44

2 袋身縫上拉鍊。

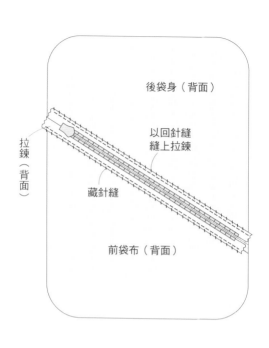

拉鍊（背面）

後袋身（背面）

以回針縫
縫上拉鍊

藏針縫

前袋布（背面）

3 側身壓線後縫合袋身。縫份滾邊後裝上提把。

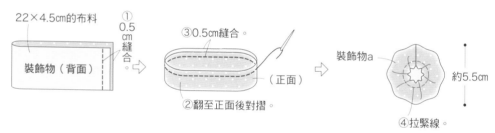

①假縫縫份。

袋身（正面）

側身（正面）

④縫合固定提把。

③滾邊。

袋布（正面）

側身（正面）

②縫合。

4 製作裝飾物，將蠟繩穿過拉鍊金屬後，
再裝上包釦及厚紙。

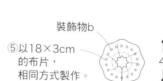

22×4.5cm的布料

裝飾物（背面）

①0.5cm縫合。

③0.5cm縫合。

（正面）

②翻至正面後對摺。

裝飾物a

約5.5cm

④拉緊線。

裝飾物b

⑤以18×3cm
的布片，
相同方式製作。

4

⑥重疊2片後縫合中心。

⑦以藏針縫縫合
以布片包覆的包釦。

a

b

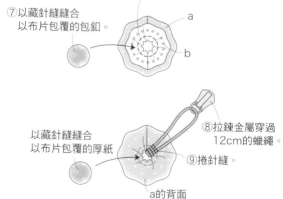

以藏針縫縫合
以布片包覆的厚紙。

⑧拉鍊金屬穿過
12cm的蠟繩。

⑨捲針縫。

a的背面

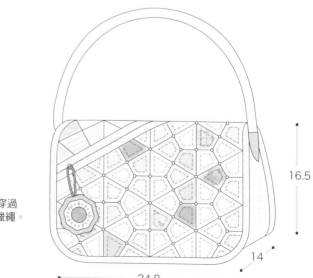

16.5

14

24.8

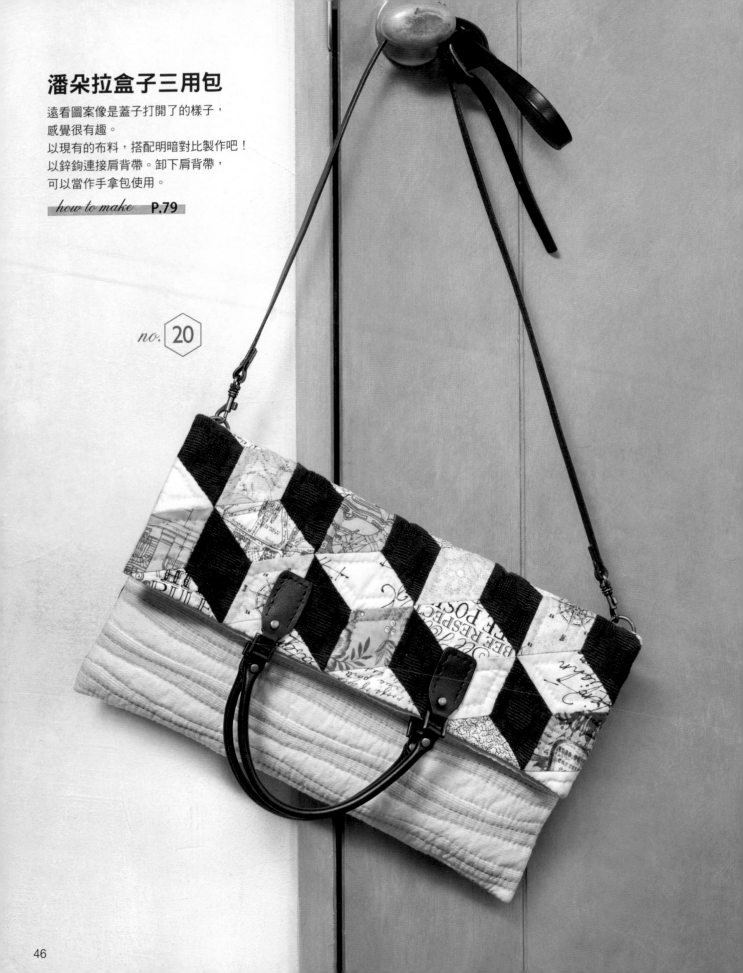

潘朵拉盒子三用包

遠看圖案像是蓋子打開了的樣子，
感覺很有趣。
以現有的布料，搭配明暗對比製作吧！
以鋅鉤連接肩背帶。卸下肩背帶，
可以當作手拿包使用。

how to make　**P.79**

no. 20

將P.46對摺的包包拉開，取下肩背帶，則變身為手提式包包。可以拿來放文件使用。

波光粼粼小肩背包

特徵是藍色與淺色的配色。反射
太陽光閃閃發亮,以波光粼粼的
概念詮釋作品。可以當作大包包
的配件包,也很方便使用。

how to make　**P.51**

no. 21 ★

包包的後側也是反向貼布縫的
心形圖案。

no. 22

酷炫心形小肩背包

與貼布縫反向的作法,運用反向貼布縫技法的小肩背
包。請看心形圖案的尖端處,鮮明俐落的線條,成品
十分美麗。若是以一般貼布縫的作法,會滿困難的。
幾乎與No.21相同尺寸,但呈現出來的感覺完全不同。

how to make　**P.50**

簡約風拼布背包

將拼接好的表布斜向排列，讓包包變得更有設計感，
十分有趣吧？每天空出一點時間，善用這些時間，
就能慢慢地完成作品，
拼布的樂趣就在於能悠閒地享受製作過程喔！

how to make　**P.52**

材料

貼布縫用布（心形5片）各8cm×14cm
貼布縫底布（4種）各9cm×16cm
表布（黑色橫紋）80cm×50cm
別布（黑色格紋）30cm×10cm
鋪棉　35cm×40cm
裡布　35cm×40cm

拉鍊　30cm　1條
肩背帶　1條
D形環　1cm　2個
包釦　直徑2.4cm　2個
25號繡線（白色）

※包釦使用直徑4cm的別布包覆製作。（作法P.88）。
※袋口的滾邊使用寬3.5cm×65cm的表布斜紋布。
※繡法P.88。

1 縫合底布，從內側對齊貼布縫用布後，進行捲針縫，製作表層布。

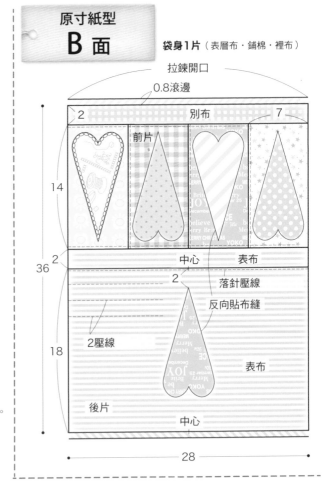

原寸紙型 **B** 面

袋身1片（表層布・鋪棉・裡布）

拉鍊開口
0.8滾邊
2　別布　7
前片
14
2
36
中心　表布
2
落針壓線
反向貼布縫
18
2壓線
表布
後片
中心
28

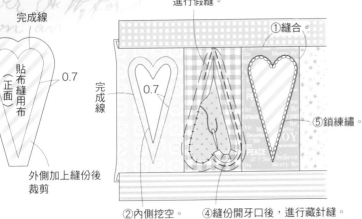

③從內側對齊貼布縫用布後，進行假縫。
①縫合
完成線
貼布縫用布（正面）
0.7
0.7
完成線
⑤鎖練繡。
外側加上縫份後裁剪
②內側挖空。
④縫份開牙口後，進行藏針縫。

2 壓線後，縫合脇邊，包覆縫份。

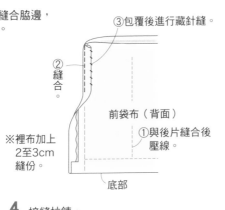

③包覆後進行藏針縫。
②縫合。
前袋布（背面）
※裡布加上2至3cm縫份。
①與後片縫合後壓線。
底部

3 製作吊耳，滾邊。

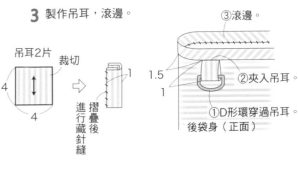

吊耳2片
裁切
4
4
摺疊後進行藏針縫
③滾邊。
1.5
1
②夾入吊耳。
①D形環穿過吊耳。
後袋身（正面）

4 接縫拉鍊。

①接縫拉鍊。
②對摺縫合。
③將兩個包釦進行藏針縫。

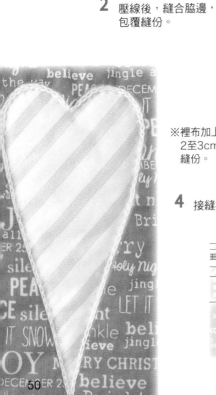

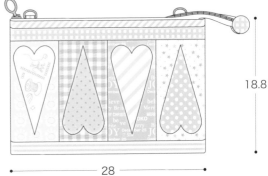

18.8
28

21 波光粼粼小肩背包

材料

拼接用布（A26片／C4片）
　　各色共30cm×15cm
表布（原色印花布
　　B11片／B'14片／C2片／D4片）
　　100cm×30cm
鋪棉　65cm×25cm
裡布　70cm×25cm
拉鍊　30cm　1條
肩背帶　1條
包包吊耳

※取2股拼布線作假縫固定。

袋身2片（表層布・鋪棉・裡布）

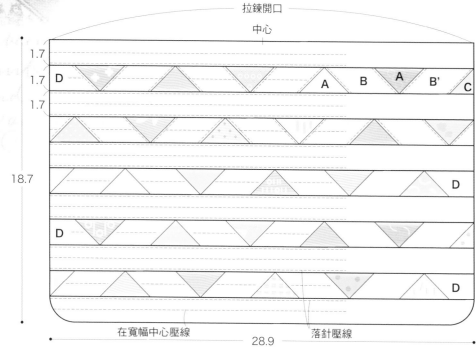

拉鍊開口
中心
1.7
1.7
1.7
D
A B A B' C
D
D
D
18.7
在寬幅中心壓線　落針壓線
28.9

※後袋身以1片表布製作寬1.7cm的橫向壓線。

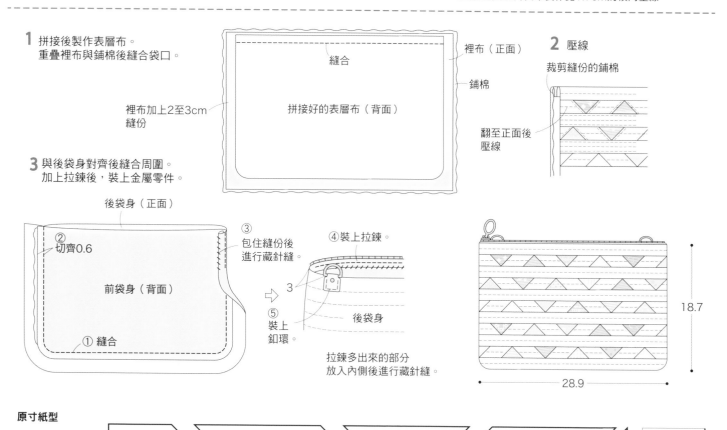

1 拼接後製作表層布。
　重疊裡布與鋪棉後縫合袋口。

縫合
拼接好的表層布（背面）
裡布（正面）
鋪棉
裡布加上2至3cm
縫份
翻至正面後
壓線

2 壓線
裁剪縫份的鋪棉

3 與後袋身對齊後縫合周圍。
　加上拉鍊後，裝上金屬零件。

後袋身（正面）
② 切齊0.6
前袋身（背面）
① 縫合
③ 包住縫份後進行藏針縫
④ 裝上拉鍊。
3
後袋身
⑤ 裝上釦環。
拉鍊多出來的部分
放入內側後進行藏針縫。

18.7
28.9

原寸紙型

D　B　A　B'　C　底部的弧形

P.49 ⬡23 簡約風拼布背包

材料

拼接用布（A43片／B26片）各色共60cm×60cm
表布（水藍色 A21片／B47片）110cm×55cm
別布（深藍色）65cm×50cm
鋪棉 50cm×75cm
裡布 75cm×75cm
拉鍊 45cm 1條（袋口用）
24cm 1條（內口袋用）
肩背帶金屬配件
提把 30cm 1組

※裝飾布與滾邊布以別布製作。
※滾邊使用寬3.5cm×190cm的斜紋布。
※提把取2股拼布線以回針縫固定。

原寸紙型
B 面

內口袋A 1片（裡布）

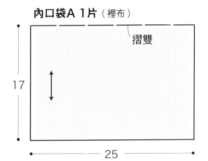

摺雙
17
25

內口袋B 1片（裡布）

摺雙
15
13

側身2片
（表布・鋪棉・裡布）

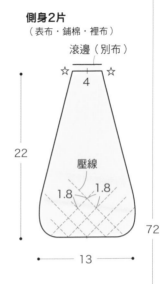

滾邊（別布）
4
22
壓線
1.8　1.8
13

袋布1片（表層布・鋪棉・裡布）

拉鍊開口
提把位置
中心
0.8滾邊（別布）

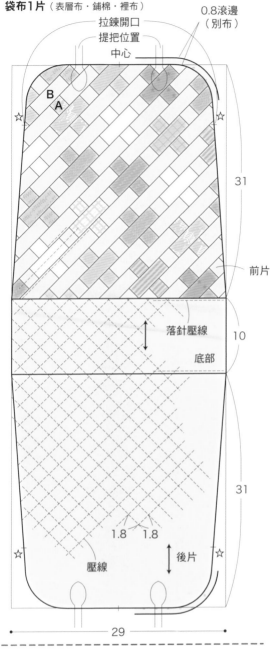

B　A
☆　　　　　　　　☆
31
前片
落針壓線
10
底部
72
31
1.8　1.8
壓線
後片
☆　　　　　　　☆
29

---

1 拼接後，與底部、後側縫合後，製作表層布。重疊鋪棉、裡布後壓線。

2 對齊紙型後作上記號。

①縫合。

②縫合。

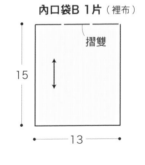

③縫合表層布。
④對齊紙型後作上記號。
鋪棉
裡布（背面）
表層布
⑤自記號處往外0.5壓線。

②滾邊。
①壓線。
側身（正面）
鋪棉
裡布

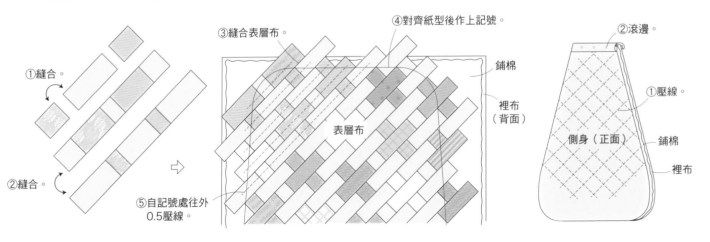

3 縫合袋身與側身，周圍滾邊。

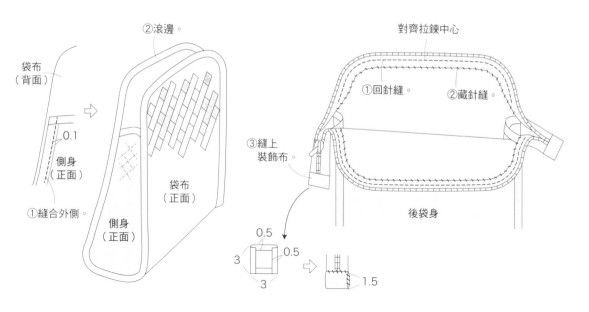

4 縫合袋身與側身，周圍滾邊。

②滾邊。

袋布
（背面）

0.1

側身
（正面）

①縫合外側。

側身
（正面）

袋布
（正面）

對齊拉鍊中心

①回針縫。　　②藏針縫。

③縫上
裝飾布。

後袋身

0.5

0.5

3

3

1.5

5 製作2片內口袋，縫於袋身背面固定。

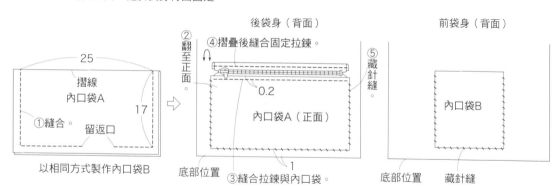

25

摺線

內口袋A

17

①縫合　留返口

以相同方式製作內口袋B

②翻至正面。

④摺疊後縫合固定拉鍊。

⑤藏針縫。

0.2

內口袋A（正面）

1

底部位置　③縫合拉鍊與內口袋。

後袋身（背面）

前袋身（背面）

內口袋B

底部位置　藏針縫

6 裝上提把與背帶釦環。

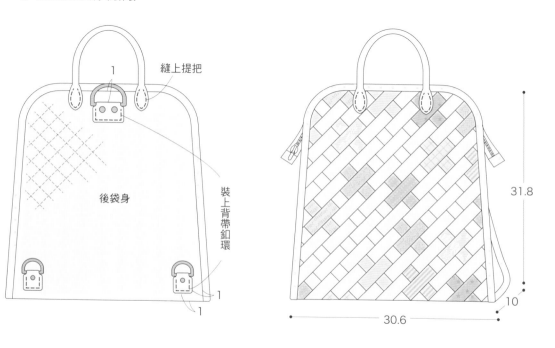

1

縫上提把

後袋身

裝上背帶釦環

1

1

31.8

10

30.6

夏威夷風肩背包

只使用了3種布料的兩用肩背包。選用的3種布料，雖然每一片都很樸素，但各有風采。在華麗的夏威夷風情貼布縫上，加入像影子一樣的刺繡線條，呈現出優雅的圖案。也能夠襯托出衣服的美麗。

how to make　**P.56**

no. 24 ★

鎖鍊繡與
花朵貼布縫造型包

將鎖鍊繡與花朵貼布縫搭配組合後，變成很時尚
的圖案。各處再妝點上閃亮發光的串珠，呈現華
麗感，很適合出席派對。

how to make　**P.58**

no. 25

原寸紙型
C 面

材料

表布（米色）80cm×35cm
別布A（深棕色）50cm×50cm
別布B（水藍色）18cm×15cm
別布C（水藍色）22cm×4.5cm
鋪棉　35cm×70cm
裡布　50cm×70cm
包釦　直徑1.8cm　2個（拉鍊前端用）
包釦　直徑2.1cm　2個（裝飾用）
圓形大串珠（黑色）11個（深棕色）10個

拉鍊　28cm　1條
蠟繩　粗細0.1cm　12cm
肩背帶　1條
D形環　1cm　2個
提把　38cm　1組
25號繡線（棕色）

※包釦以直徑4cm的圓製作（作法P.88）。
※袋口的滾邊使用寬3.5cm×65cm的斜紋布。
※提把取2股繡線進行回針縫。
※繡法P.88。

1 表布繡上貼布縫。

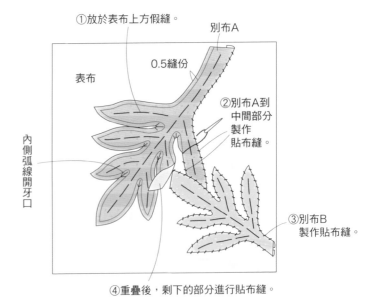

① 放於表布上方假縫。
別布A
0.5縫份
表布
內側弧線開牙口
② 別布A到中間部分製作貼布縫。
③ 別布B製作貼布縫。
④ 重疊後，剩下的部分進行貼布縫。

2 夾入裝飾布後，縫上口布。

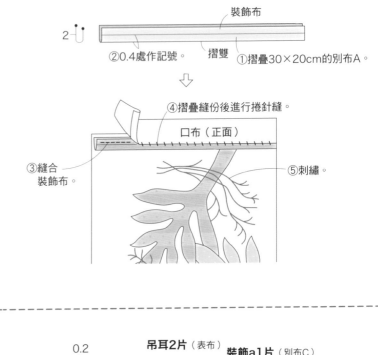

2小
裝飾布
摺雙
② 0.4處作記號。
① 摺疊30×20cm的別布A。
④ 摺疊縫份後進行捲針縫。
③ 縫合裝飾布。
口布（正面）
⑤ 刺繡。

袋布1片（表層布・鋪棉・裡布）

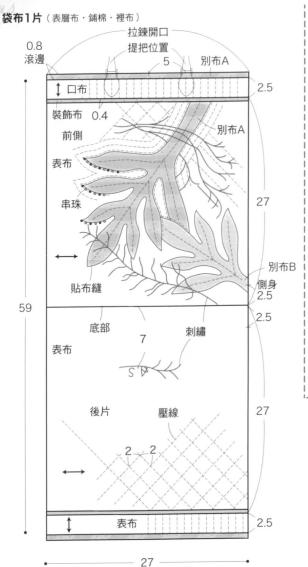

0.8滾邊
拉鍊開口
提把位置
5
別布A
2.5
↑ 口布
裝飾布 0.4
前側
表布
別布A
串珠
別布B
側身 2.5
貼布縫
2.5
59
底部
刺繡
7
表布
S
後片　壓線
2 2
27
表布
2.5
27

內口袋1片（裡布）
0.2
摺雙
11
15.5

吊耳2片（表布）
4
4
裁切

裝飾a1片（別布C）
4.5
22
裁剪

裝飾b1片（別布A）
3
18

3 壓線後裝上串珠。

※裡布加上2至3cm縫份

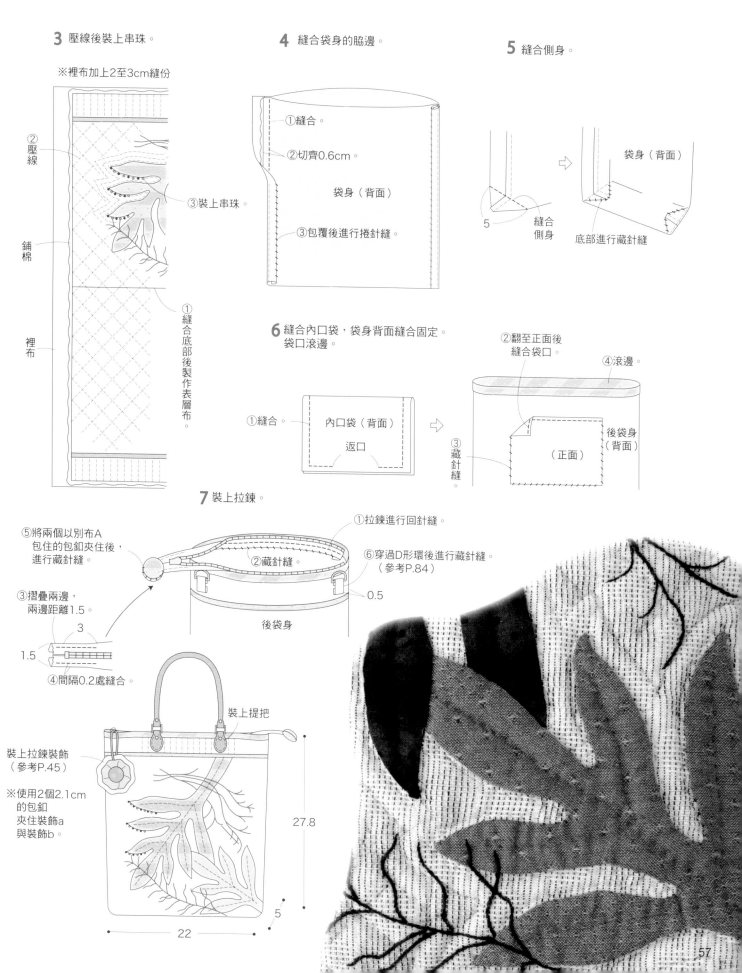

② 壓線

鋪棉

裡布

③裝上串珠。

①縫合底部後製作表層布。

4 縫合袋身的脇邊。

①縫合。

②切齊0.6cm。

袋身（背面）

③包覆後進行捲針縫。

5 縫合側身。

⇨ 袋身（背面）

5　縫合側身

底部進行藏針縫

6 縫合內口袋，袋身背面縫合固定。袋口滾邊。

①縫合

內口袋（背面）

返口

②翻至正面後縫合袋口。

④滾邊。

③藏針縫。

後袋身（背面）

（正面）

7 裝上拉鍊。

⑤將兩個別布A包住的包釦夾住後，進行藏針縫。

③摺疊兩邊，兩邊距離1.5。

3

1.5

④間隔0.2處縫合。

①拉鍊進行回針縫。

②藏針縫。

⑥穿過D形環後進行藏針縫。（參考P.84）

0.5

後袋身

裝上提把

裝上拉鍊裝飾（參考P.45）

※使用2個2.1cm的包釦夾住裝飾a與裝飾b。

27.8

22

5

P.55 [25] 鎖鍊繡與花朵貼布縫造型包

材料

貼布縫用布 適量
表布（深棕色格紋）40cm×55cm
別布（棕色）35cm×25cm
鋪棉 40cm×55cm
裡布 70cm×55cm
拉鍊 24cm 1條（內口袋用）
鍊條肩背帶 1條
D形環 1cm 2個
串珠適量
25號繡線（米色漸層・原色）
磁釦 直徑1.5cm 1組

※繡法P.88。

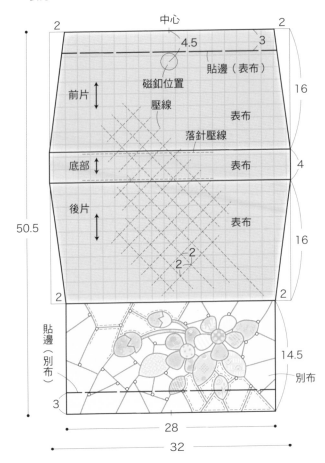

原寸紙型
C 面

袋身・袋蓋1片（表層布・鋪棉・裡布）

中心
2 4.5 3 2
貼邊（表布）
16
前片 磁釦位置
壓線
表布
落針壓線
底部 表布 4
後片 表布
16
2
2
50.5
2 2
貼邊（別布）
14.5
別布
3
28
32

內口袋1片（裡布）

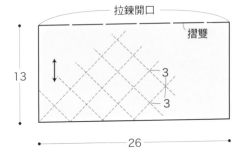

拉鍊開口
摺雙
13
3
3
26

吊耳2片（表布）

4
裁剪
4

1 袋蓋進行貼布縫。以鎖鍊繡製作表層布。

②刺繡至縫份前方。
別布
①貼布縫。

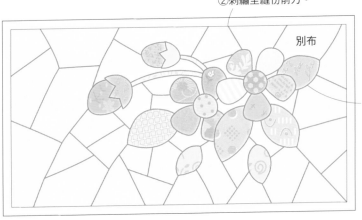

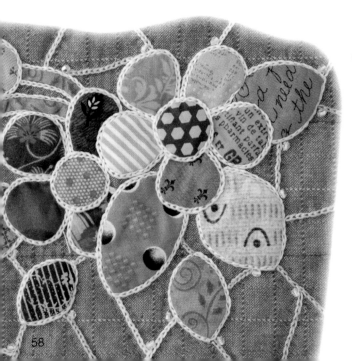

2 縫合全部的布片，製作表層布。

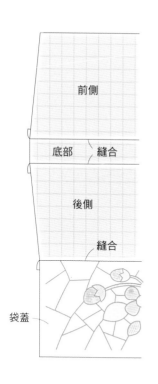

前側

底部　縫合

後側

縫合

袋蓋

3 縫合裡布與貼邊。

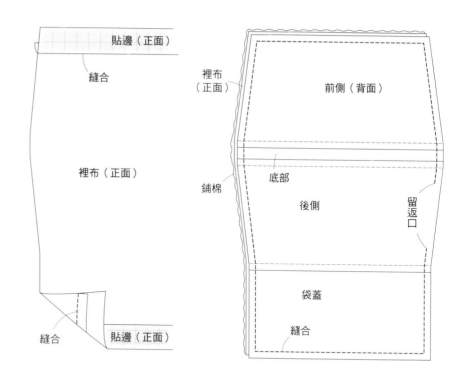

貼邊（正面）

縫合

裡布（正面）

縫合　　貼邊（正面）

4 重疊表層布、裡布、鋪棉後，縫合周圍。

裡布
（正面）

前側（背面）

鋪棉

底部

後側　　　留返口

袋蓋

縫合

5 翻至正面後，壓線。

②壓線。

①翻至正面後，以藏針縫縫合返口。

袋布
（正面）

③縫上串珠。

①將不同部位的表層布
以捲針縫接合。

6 縫合內口袋，縫合固定袋身內側。

內口袋（背面）

留返口

①縫合。

⑤縫合拉鍊及裡布。

袋布（背面）

0.7處摺疊

③與拉鍊
縫合。

後側

④藏針縫。

與底部對齊

底部

②翻至正面後壓線。

前側

7 縫合脇邊，縫合側身。
裝上磁釦及D形環。

③裝上磁釦。

袋蓋（背面）

②縫合固定吊耳。

夾入D形環

3

1.5

1

1

後側

縫合固定吊耳

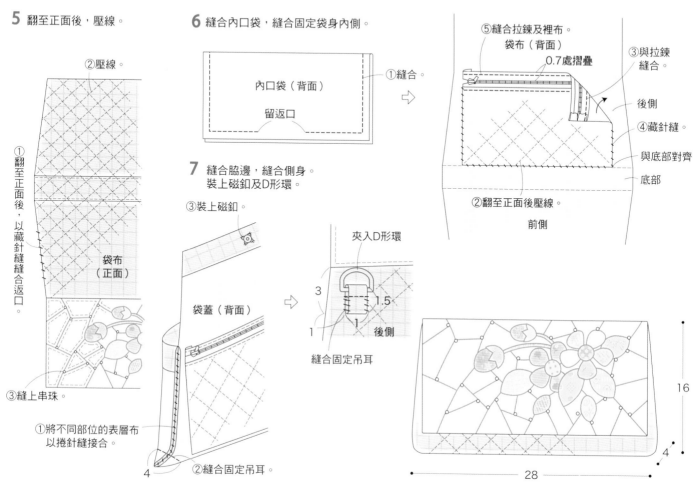

16

4

28

三朵花造型化妝包

在教室裡，我內心經常呼喚著：「大家快來看！
來看！來看看我可愛的布吧！」
我很享受在為化妝包挑選花朵造型布的時刻。

how to make **P.62**

no. 26

no. 27 ★

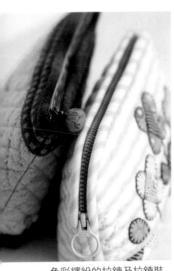

色彩繽紛的拉鍊及拉鍊裝
飾非常美麗。

後側繡上
小鳥圖案。

拼布店造型化妝包

宛如袖珍屋般，有故事的街道景象，
讓人心情愉快。大家使用手邊的布料，
作一些搭配變化，享受手作的樂趣。

how to make **P.63**

花朵造型迷你小包

參加活動時，背在身上不會造成太大負擔，還能空出雙手的小巧可愛附背帶迷你小包。適合收納智慧型手機、手帕、零錢包大小的尺寸，非常萬用的包款。也很推薦散步時使用。

how to make **P.84**

no. 28

後側繡上名字開頭的字母。

61

材料

拼接用布（A7片）各色共20cm×10cm
表布（黃綠橫紋　A6片　BB'各1片）55cm×30cm
貼布縫用布 適量
鋪棉　25cm×30cm
裡布　25cm×30cm
拉鍊　28cm　1條
25號繡線（紅色‧咖啡色‧綠色‧水藍色）

※袋口的滾邊使用寬3.5cm×45cm的斜紋布2條。
※繡法P.88。

原寸紙型
C 面

1 拼接，進行貼布縫後，製作表層布。
壓線，周圍滾邊。

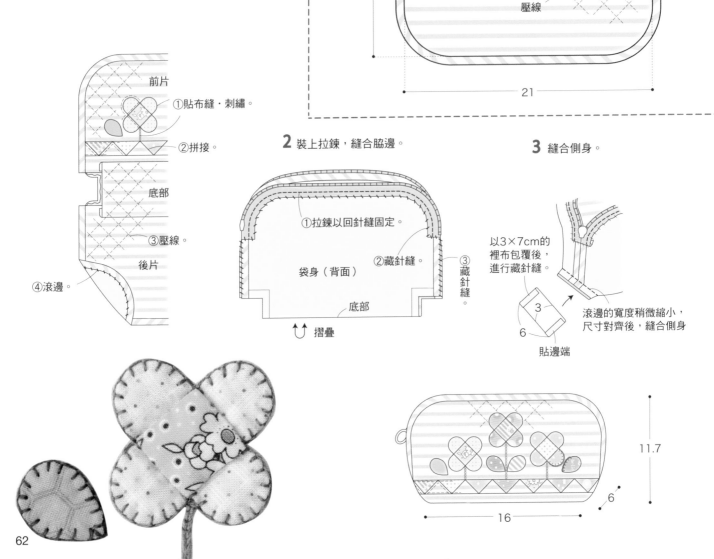

袋布1片（表層布‧鋪棉‧裡布）

拉鍊開口
0.7滾邊
1.5
1.5
0.2
A
B　B'
2.5 落針壓線
底部
1.5　1.5
6
28
16
壓線
21

前片
①貼布縫‧刺繡。
②拼接。
底部
③壓線。
後片
④滾邊。

2 裝上拉鍊，縫合脇邊。
①拉鍊以回針縫固定。
②藏針縫。
③藏針縫。
袋身（背面）
底部
↑↓ 摺疊

3 縫合側身。
以3×7cm的裡布包覆後，進行藏針縫。
3
6
貼邊端
滾邊的寬度稍微縮小，尺寸對齊後，縫合側身。

11.7
6
16

袋布1片（表層布・鋪棉・裡布）

材料

拼接用布適量

表布（粉紅素色布）25cm×25cm

別布a（棕色）50cm×30cm

別布b（棕色織紋）25cm×10cm

鋪棉　30cm×35cm

裡布　30cm×35cm

拉鍊　20cm

鈕釦　直徑0.6cm　4個

25號繡線（棕色・米色）

※拉鍊裝飾以直徑4cm的圓製作。
（作法P.88）

※袋口滾邊使用寬3.5cm×45cm的斜紋布。

※繡法P.88。

原寸紙型
C 面

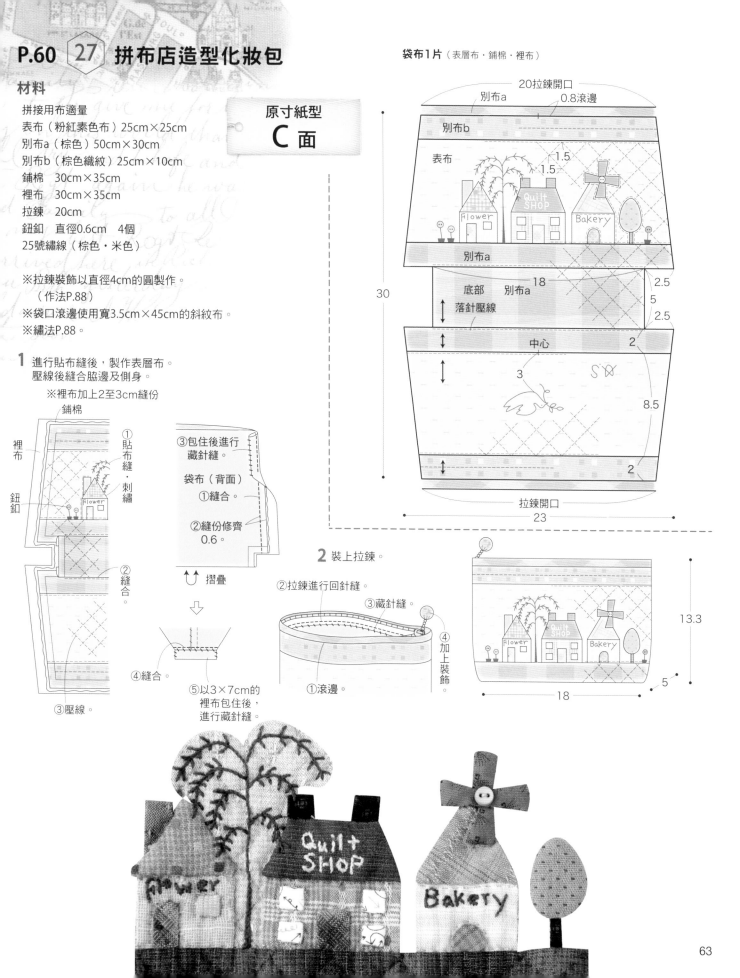

1 進行貼布縫後，製作表層布。
壓線後縫合脇邊及側身。

※裡布加上2至3cm縫份

鋪棉

裡布

鈕釦

① 貼布縫・刺繡

② 縫合。

③ 壓線。

③ 包住後進行藏針縫。

袋布（背面）

① 縫合。

② 縫份修齊0.6。

↑↓ 摺疊

④ 縫合。

⑤ 以3×7cm的裡布包住後，進行藏針縫。

2 裝上拉鍊。

② 拉鍊進行回針縫。

③ 藏針縫。

① 滾邊。

④ 加上裝飾。

20拉鍊開口

別布a　0.8滾邊

別布b

表布　1.5　1.5

Flower　Quilt SHOP　Bakery

別布a

底部　別布a　18　2.5

落針壓線　5　2.5

中心　2

3　S'X

8.5

2

拉鍊開口　23

30

13.3

18　5

紅線繡迷你畫框＆縫紉包

以紅色繡線仔細刺繡的圖案，呈現高貴優雅的
氣氛。No.29的小畫框，喜歡它簡單可愛的圖
案。可以不經意地裝飾在家中的任何角落。
No.30的縫紉包，選用了適合搭配紅色線的印
花布製作。紅白相間製作而成的紅線繡，希望
能製作出更多的作品。

how to make　29 **P.85** ／30 **P.66**

no. 29

no. 30

縫紉包的袋蓋開口大。設計容易拿取線與針的隔間位置。

縫紉包的袋蓋開口大。設計容易拿取線與針的隔間位置。

材料

表布（原色紅花圖案）65cm×45cm
別布a（原色布）15cm×10cm
別布b（紅色直條紋）110cm×45cm
別布c（紅色印花）25cm×15cm
別布d（紅色印花）25cm×15cm
別布e（水藍色印花）10cm×5cm
鋪棉　60cm×25cm

裡布　60cm×25cm
拉鍊　20cm　2條
蕾絲a　1cm×50cm
蕾絲b　0.5cm×120cm
25號繡線（紅色）
子母釦 3組
手工藝用棉花、熱縮片 少許

※拉鍊裝飾使用直徑4cm的圓製作（作法P.88）。
※袋蓋、側面的滾邊使用寬3.5cm×60cm的斜紋布3條。
※繡法P.88。

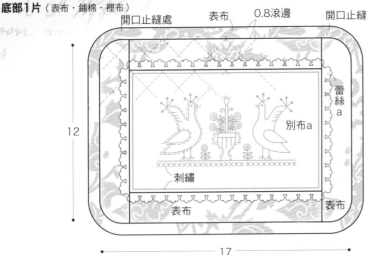

側面1片（別布b・鋪棉・裡布）
20拉鍊開口
開口止縫處　　0.8滾邊　別布b
1.5
1.5
5
別布b　　前中心摺雙
27.7　　別布b

隔間1片（表層布・鋪棉・別布c・熱縮片）
0.7　子母釦凸面
1　　別布c　別布d　1.5
4
1
3　　22.5　　3

袋蓋1片（表層布・鋪棉・裡布）
底部1片（表布・鋪棉・裡布）
開口止縫處　表布　0.8滾邊　開口止縫處
別布a
12　　刺繡
蕾絲a
表布　　表布
17

袋蓋內側
2 頂針釦帶位置　子母釦　1.5
2　別布c　1　2
6　　3.8

針插1片
5

口袋1片（表層布・別布c）
別布c　別布d　4
2
1　4.3　4.4　4.3

---

1 製作袋蓋的表層布，進行滾邊。

④縫合固定蕾絲a。
①縫合後進行刺繡。
②壓線。
③滾邊。
⑤將6股線（紅色）以1股線進行釘線繡。

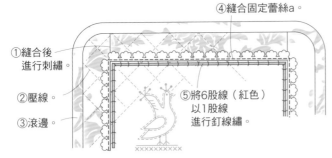

2 側面壓線，縫合脇邊包住縫份。底部壓線，對齊側面後縫合。

鋪棉　別布b　裡布
側面（背面）
②縫合。
③0.6處切齊。
①壓線。
④包住後進行藏針縫。
⑤滾邊。

※底部只使用1片表布，相同方式壓線（無滾邊）。

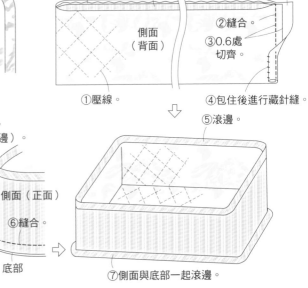

側面（正面）
⑥縫合
底部
⑦側面與底部一起滾邊。

3 製作頂針釦帶、口袋、針插。

頂針釦帶1片
（別布C）

裁剪
4.8
7.4

①內摺 0.5
②摺四褶後進行捲針縫。
③縫合。 1.2
④內側縫上子母釦凸面。
1

針插

①縫合。
②縫合。 鋪棉
③壓線。
表層布
裡布

別布d
返口
裡布
④與別布d對齊後縫合。

⑥在4.5×3.5cm的熱縮片上放上棉花。
⑤翻至正面。
⑦摺入縫份後進行藏針縫。

口袋

①縫合。
別布c
別布d ②刺繡
別布c

③縫合周圍。
表層布（背面） 留返口
別布d

④翻至正面後壓線。
⑤藏針縫。

4 製作隔間。

隔間

①縫合。
②正面刺繡。
③縫合周圍。
別布c
別布d（背面）
返口

④翻至正面。
⑦裝上子母釦凸面。
3.5
2.5
⑤放入熱縮片。
16
3.5
⑥藏針縫。

摺疊

5 袋蓋與側面縫上拉鍊。

對齊中央
拉鍊（背面） 邊端摺入
袋蓋（背面）
①以回針縫方式固定拉鍊。
側面（背面）
②以弓字藏針縫縫到開口止縫處。
底部（背面）

6 各部位縫於內側固定。

②縫合固定蕾絲b。
頂針釦帶（正面）
裝上子母釦凹面
針插（正面）
④藏針縫。
③藏針縫。
⑤藏針縫。
⑥縫線不外露，挑線進行回針縫。
口袋（正面）
①放上摺疊好縫份的裡布，進行藏針縫。
2
14
3
裝上子母釦凹面
自底部起算3

13.6
高度 5
18.6
裝上拉鍊裝飾

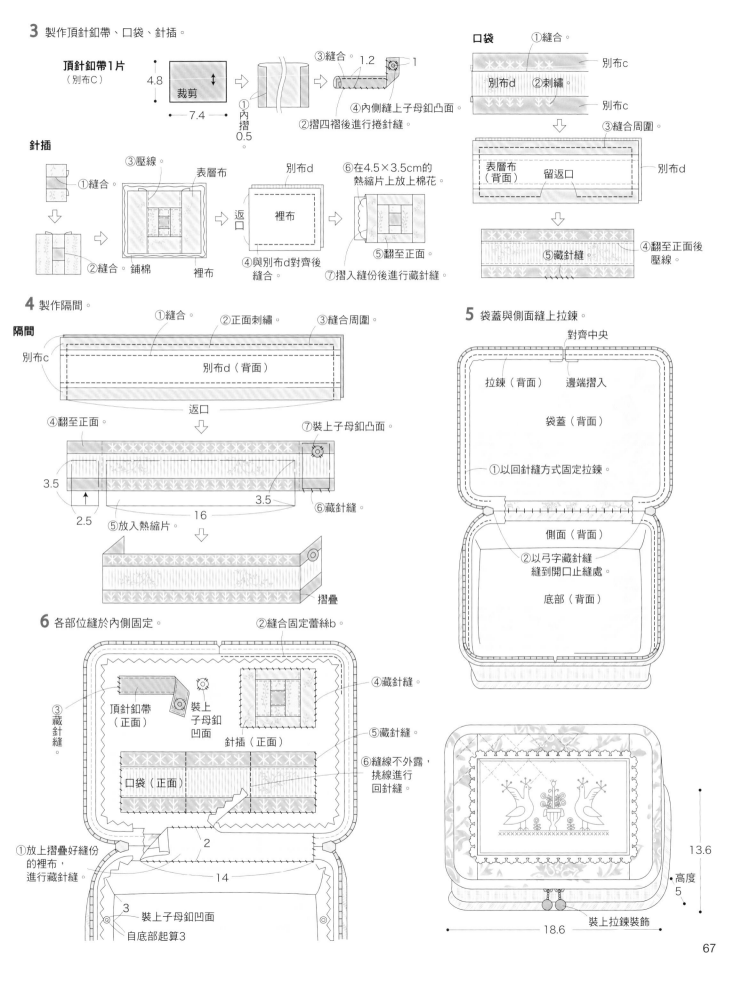

no. 31

蘋果樹下的蘇姑娘＆比利

蘋果樹是非常美的圖案，製圖需要開√（根號），所以作了排列組合。
一直覺得「如果有原寸紙型就好了！」。所以當知道本書能附上原寸紙型，我覺得很開心。就像感情一直很好的蘇姑娘與比利，希望大家也能珍惜這本書。

how to make **P.70**

小鳥與鳥屋造型相框

踏入拼布的世界已經過了30年，我製作拼布的出發點是參加了美國休士頓的拼布節。整個會場散發的肉桂香氣，以及看到令我驚豔的拼布作品，當時的記憶至今依然很鮮明。我將那樣的感動收藏在小小的相框中。這是我經常想一看再看的作品。

how to make **P.83**

材料

拼接用布
　白色素布A10枚／BB'・E・DD'・I・HH'各1片／C2片）50cm×40cm
　綠色、棕色（A21片）30cm×30cm
　深棕色印花（G 1 片）13cm×20cm
貼布縫用布適量
　表布（棕色織紋）110cm×70cm

※滾邊使用寬3.5cm×280cm的斜紋布
※繡法P.88。

別布a（粉紅格紋）35cm×60cm
別布b（原色布）55cm×25cm
鋪棉　75cm×75cm
裡布　75cm×75cm
25號繡線（深棕色・綠色・白色・紅色）
鈕釦　直徑1cm　3個

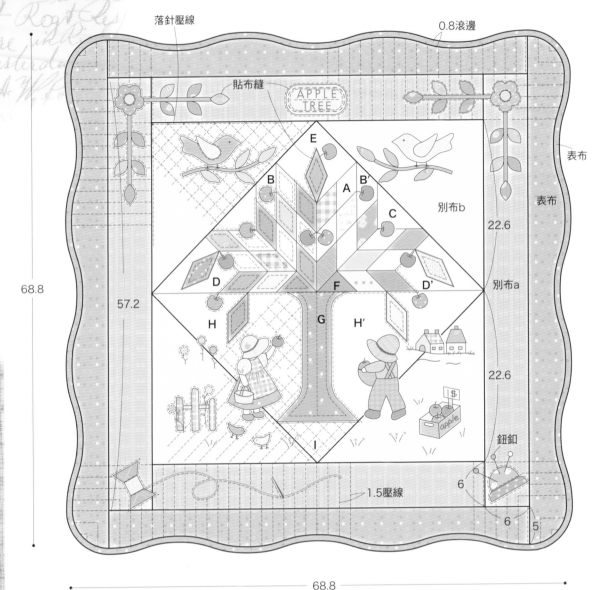

※紅線的A是貼布縫。

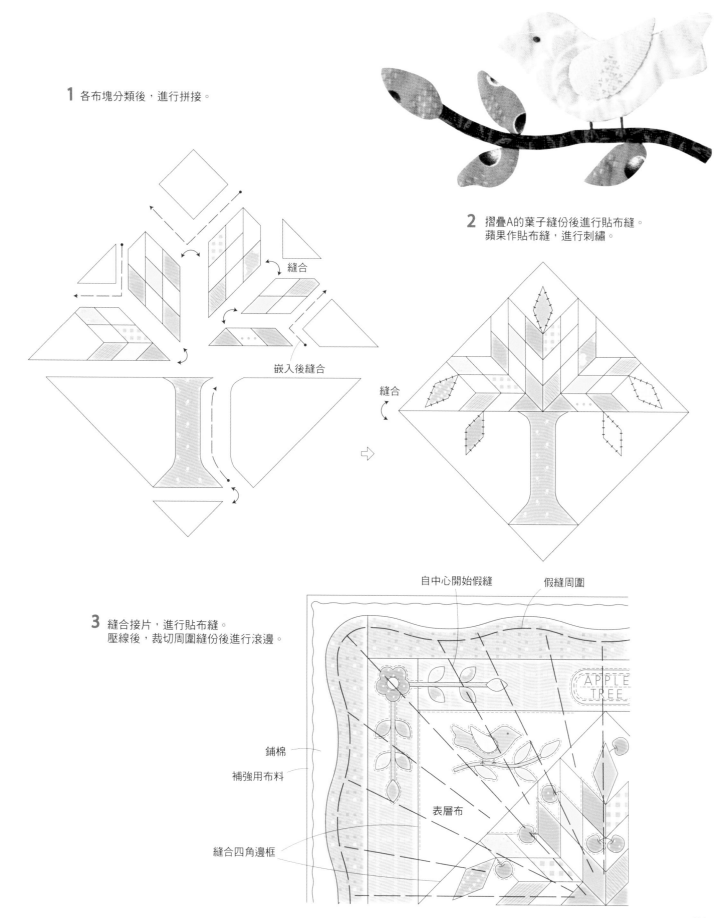

1 各布塊分類後，進行拼接。

縫合

嵌入後縫合

2 摺疊A的葉子縫份後進行貼布縫。
蘋果作貼布縫，進行刺繡。

縫合

3 縫合接片，進行貼布縫。
壓線後，裁切周圍縫份後進行滾邊。

自中心開始假縫   假縫周圍

APPLE
TREE

鋪棉

補強用布料

表層布

縫合四角邊框

no. ③③

迷你小屋造型壁飾

可愛的壁飾作品濃縮了我的拼布世界。蜜月小木屋使用
「雙重婚戒」的圖案。教會加上「伯利恒之星」。阿米希
人的房屋使用「阿米希人拼布」，小木屋使用「小木屋」
圖案。以9種房屋圖案將不同的心情縫入壁飾中。

how to make **P.74**

雙重婚戒

伯利恒之星

郵戳提籃

條狀方塊與天鵝

熊掌

巴爾的摩拼布

阿米什人拼布

樹木

小木屋

將單個房屋圖案放入相框。

⬡33 迷你小屋造型壁飾

材料

拼接用布 適量
表布（淡粉紅印花）40cm×80cm
別布a（紅色印花）55cm×65cm
別布b（水藍色印花）40cm×85cm
別布c（米色印花）20cm×75cm
鋪棉 85cm×85cm
裡布 85cm×85cm
25號繡線（棕色・深棕色・原色・藍色）

※滾邊使用寬3.5cm×340cm的斜紋布。
※繡法P.88。

1 拼接各房屋圖案。縫合接片，製作表層布。

2 壓線。

3 周圍滾邊。

原寸紙型
C 面

※紅線是之後製作貼布縫使用

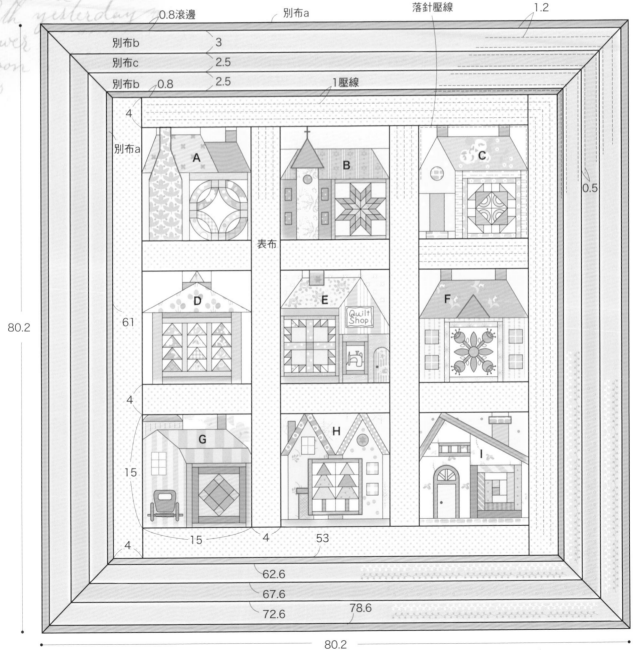

74

A 雙重婚戒

有煙囪圖案的布片摺縫份。
拼接其他布片，最後再放上煙囪圖案製作貼布縫。

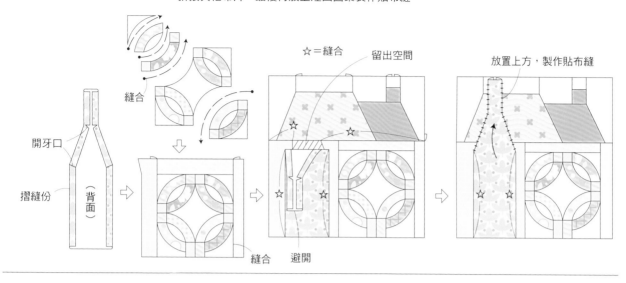

開牙口
摺縫份
（背面）
縫合
☆＝縫合　留出空間
放置上方，製作貼布縫
縫合　避開

B 伯利恒之星

縫合伯利恒之星的圖案，拼接至屋頂。避開的部位製作貼布縫。

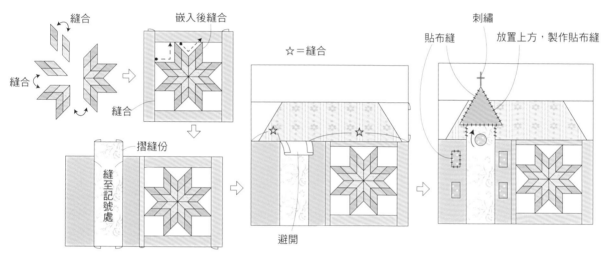

縫合
嵌入後縫合
縫合
縫至記號處
摺縫份
☆＝縫合
避開
刺繡
貼布縫
放置上方，製作貼布縫

C 郵戳提籃

縫合4片郵戳提籃，拼接。

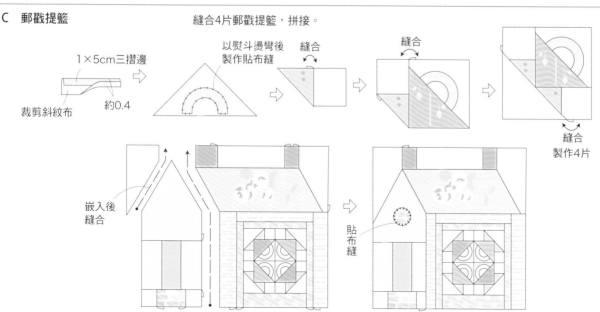

1×5cm三摺邊
裁剪斜紋布
約0.4
以熨斗燙彎後製作貼布縫
縫合
縫合
縫合
製作4片
嵌入後縫合
貼布縫

D 條狀方塊與天鵝

拼接後，製作屋體及屋頂部分，縫合家與屋頂。

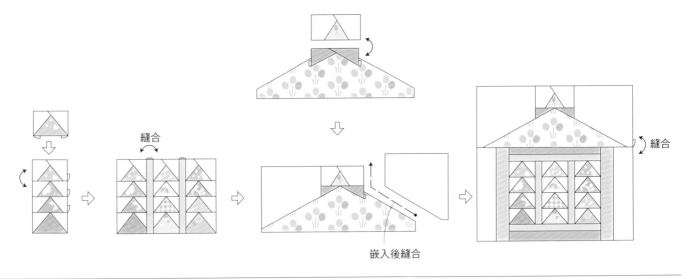

縫合

縫合

嵌入後縫合

縫合

E 熊掌

製作熊掌，縫合屋頂。縫合屋體的側面，煙囪製作貼布縫。

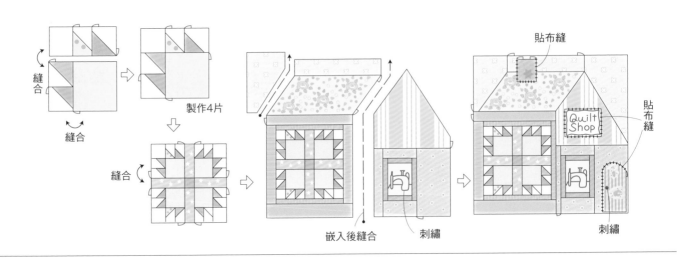

縫合

縫合

製作4片

縫合

貼布縫

貼布縫

嵌入後縫合

刺繡

刺繡

F 巴爾的摩拼布

花朵製作貼布縫。製作屋體、屋頂，縫合。

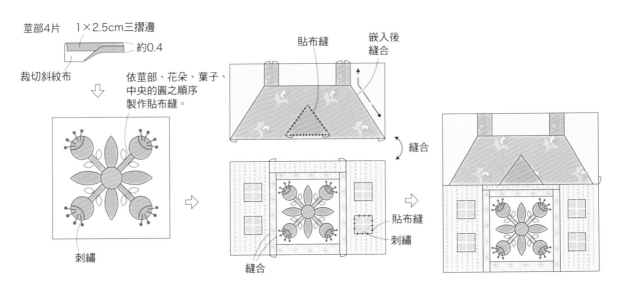

莖部4片　1×2.5cm三摺邊

約0.4

裁切斜紋布

依莖部、花朵、葉子、
中央的圓之順序
製作貼布縫。

貼布縫　嵌入後
縫合

縫合

刺繡

縫合

貼布縫
刺繡

G 阿米什人拼布

拼接各布片。縫合屋頂、側面、上部。

貼布縫

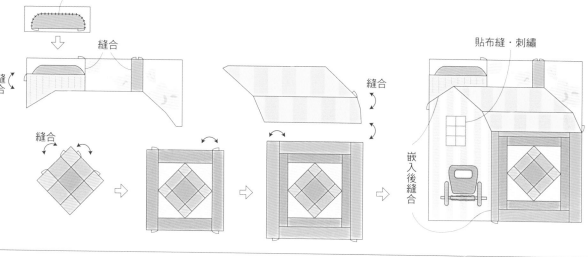

縫合

縫合

縫合

縫合

貼布縫·刺繡

縫合

嵌入後縫合

H 樹木

縫合屋體與屋頂。
製作樹木，放於兩座屋子中間，
進行藏針縫。

縫合

縫合

貼布縫

貼布縫

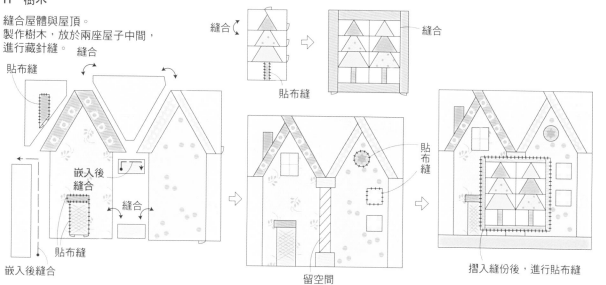

貼布縫

嵌入後縫合

縫合

貼布縫

嵌入後縫合

留空間

摺入縫份後，進行貼布縫

小木屋

自內側向外側縫合，製作小木屋。製作屋體、屋頂後縫合。

13片往外縫合

縫合

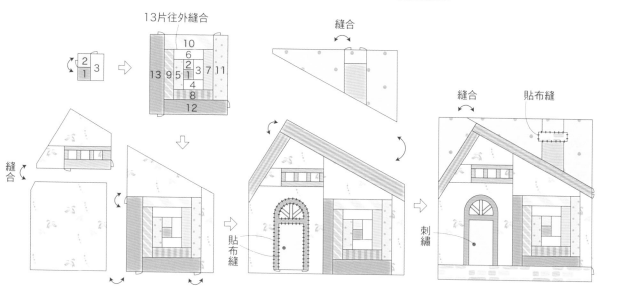

縫合

縫合

貼布縫

縫合

貼布縫

貼布縫

刺繡

P.5 ② 迷你布片圖樣包　（大容量款）

材料

拼接用布（A48片）40cm×30cm
表布（原色 A10片／B39片／C6片）90cm×55cm
鋪棉　45cm×85cm
裡布（原色布）50cm×85cm
裡袋身　45cm×85cm
提把　48cm　1組

※作法P.6。

裡袋1片

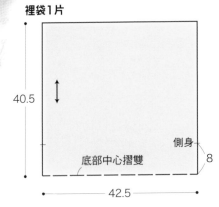

側身

底部中心摺雙

40.5

42.5

8

袋布1片（表層布・鋪棉・裡布）

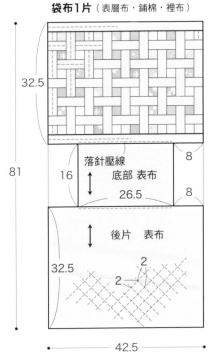

32.5

8

落針壓線
底部 表布
16
26.5
8

後片 表布
32.5
2
2

81

42.5

C

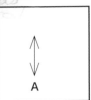

A

原寸紙型

B

前片放大圖

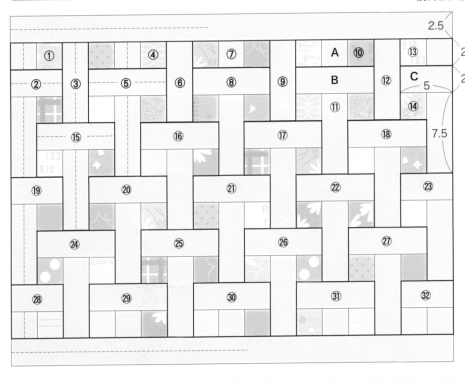

2.5
2.5
① ④ ⑦ A ⑩ ⑬
② ③ ⑤ ⑥ ⑧ ⑨ B ⑫ C
2.5
5
⑪ ⑭
7.5
⑮ ⑯ ⑰ ⑱
⑲ ⑳ ㉑ ㉒ ㉓
㉔ ㉕ ㉖ ㉗
㉘ ㉙ ㉚ ㉛ ㉜

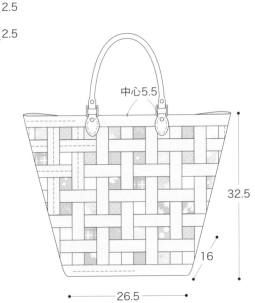

中心5.5
32.5
16
26.5

78

材料

拼接用布
　白色（A16片／B8片／C4片／D2片）40cm×40cm
　中間色（A23片）40cm×40cm
　深色（A22片）40cm×40cm
表布（米色）40cm×45cm
鋪棉　40cm×70cm
裡布　40cm×65cm

提把　34cm　1組
肩背帶　1條
包包吊耳
磁釦　直徑1.3cm　1組

※包包吊耳、磁釦取2股拼布線
　以回針縫固定。
※後袋身沿著圖案壓線。

原寸紙型
B 面

前片拼接

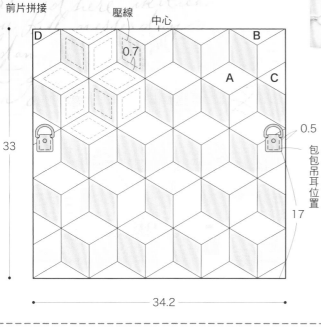

袋布1片
（表層布・鋪棉・裡布）

前片拼接

底部

落針壓線

後片（表布）

66

34.2

裡布1片

表布

裡布

60

3

3

34.2

---

1 拼接後，製作表層布。
重疊裡布與鋪棉後，縫合袋口。

③縫合

完成拼接的
表層布（背面）

前片

②縫合接片。

①縫合底部。

表布

後片

③縫合。

裡布加上2至3cm縫份。

④翻至正面後壓線。

縫合接片。

袋布
（正面）

2 壓線後，縫合脇邊，
包住縫份。

①縫合。

③包住後
進行
捲針縫

袋布（背面）

底部

②切齊0.6

3 裝上磁釦與提把。

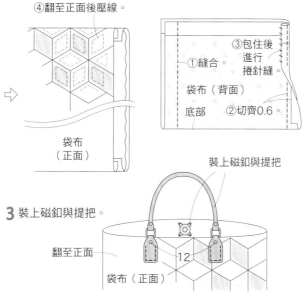

裝上磁釦與提把

翻至正面

12

袋布（正面）

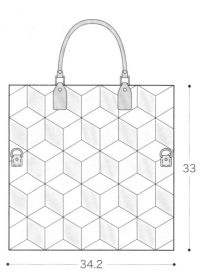

33

34.2

79

材料

拼接用布
　黃綠色印花布（A64片／F20片）90cm×25cm
　棕色印花布（B56片／E8片／F16片）50cm×25cm
　水藍色印花布（F32片）20cm×20cm
　粉紅印花布（F28片）20cm×20cm
　表布（白色印花布　C112片／D16片／F49片
　　　／G32片／H4片）90cm×90cm

鋪棉　60cm×60cm
裡布　60cm×60cm
25號繡線
　（白色・綠色・粉紅色・米色・水藍色・黃色）
滾邊布（水藍色）
　使用寬3.5cm×240cm的斜紋布
※繡法P.88。

1　拼接後，進行刺繡，
　　製作表層布。

2　壓線。

3　周圍滾邊。

原寸紙型
A 面

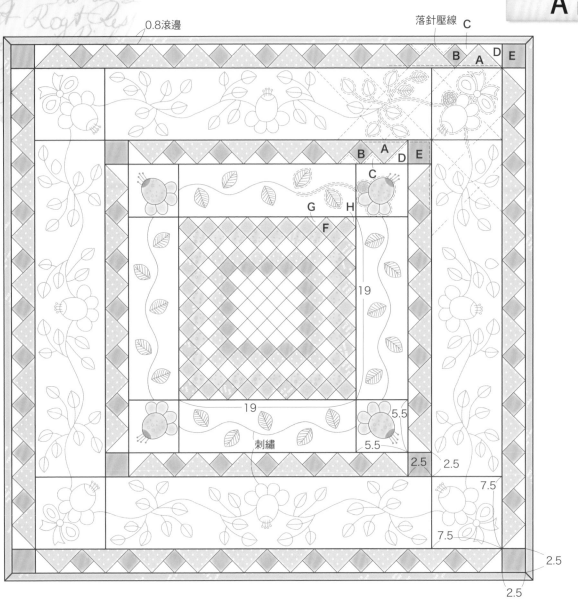

P.36 〔17〕 反向貼布縫裝飾包

材料

拼接用布 適量
表布（米色條紋）25cm×25cm
別布a（米色印花）25cm×15cm
別布b（深紅色印花）45cm×45cm
鋪棉 35cm×25cm
裡布 40cm×25cm
拉鍊 17cm 1條
25號繡線（灰色）
※袋口滾邊使用3.5cm×60cm的斜紋布。
※繡法P.88。

提把1條

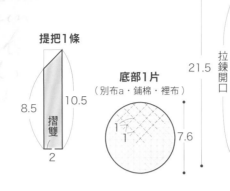

底部1片
（別布a・鋪棉・裡布）

袋布1片（表層布・鋪棉・裡布）

0.7滾邊
別布b
表布
提把位置
刺繡
1.5
1.5
壓線
拉鍊開口
貼布縫
別布a
21.5
22.6

1 摺疊提把後縫合。

提把1片（別布b）

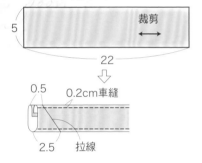

裁剪
5
22
0.5
0.2cm車縫
2.5
拉線

3 縫合夾入提把內側的打褶處。

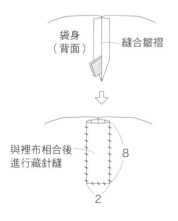

袋身（背面）
縫合皺褶
與裡布相合後進行藏針縫
8
2

5 縫合底部後壓線，與袋身縫合。

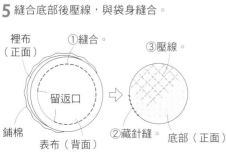

裡布（正面）
①縫合。
③壓線。
留返口
鋪棉
②藏針縫。
底部（正面）
表布（背面）

2 重疊完成貼布縫的表層布與裡布、鋪棉，翻至正面後壓線。

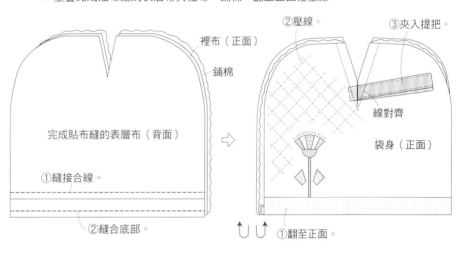

裡布（正面）
鋪棉
完成貼布縫的表層布（背面）
①縫接合線。
②縫合底部。
②壓線。
③夾入提把。
線對齊
袋身（正面）
①翻至正面。

4 裝上拉鍊，縫合脇邊。

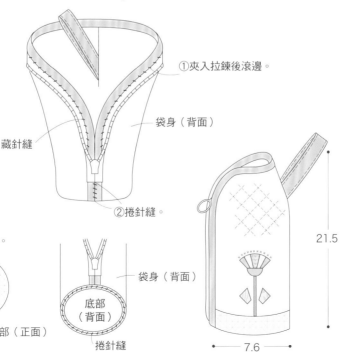

①夾入拉鍊後滾邊。
袋身（背面）
藏針縫
②捲針縫。
底部（背面）
袋身（背面）
捲針縫
7.6
21.5

原寸紙型
B 面

81

材料

拼接用布（原色・水藍色印花・黃綠色印花）25cm×10cm
拼接用布（藍色）25cm×15cm
表布（米色直條紋）85cm×35cm
鋪棉　85cm×35cm
裡布　85cm×35cm

提把　40cm　1組
25號繡線（咖啡色・深咖啡色・藍色）

※提把取2股拼布線以回針縫接合。
※繡法P.88。

原寸紙型
A 面

前袋布1片（表層布・鋪棉・裡布）

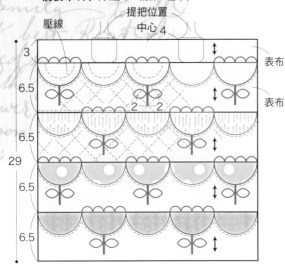

提把位置
中心 4
壓線
表布
表布
3
6.5
2　2
6.5
6.5
29
6.5
30

後袋布1片（表布・鋪棉・裡布）

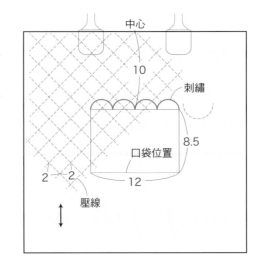

中心
10
刺繡
口袋位置
8.5
2　2
12
壓線

口袋1片
（表布・鋪棉・裡布）

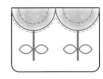

底1片（表布・鋪棉・裡布）

10
2
2
20

貼邊2片

3　表布
30

---

1 表布進行貼布縫，縫合後製作表層布。
壓線，各自製作袋身與底部。

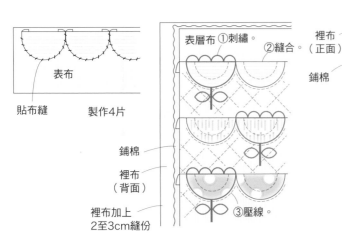

表布
貼布縫　製作4片
鋪棉
裡布（背面）
裡布加上2至3cm縫份
表層布①刺繡。
②縫合。
③壓線。

2 縫合口袋周圍，翻至正面，壓線。

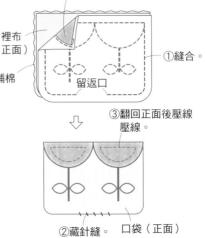

完成貼布縫・刺繡的表布
裡布（正面）
鋪棉
留返口
①縫合。
③翻回正面後壓線壓線
②藏針縫。　口袋（正面）

3 縫合袋身與底部。

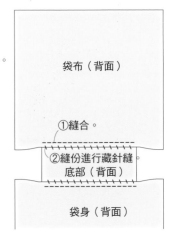

袋布（背面）
①縫合。
②縫份進行藏針縫
底部（背面）
袋身（背面）

4 縫合脇邊與底部。

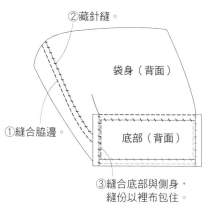

②藏針縫。

袋身（背面）

①縫合脇邊。

底部（背面）

③縫合底部與側身，
縫份以裡布包住。

5 袋口加上貼邊。

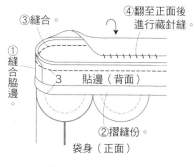

④翻至正面後
進行藏針縫。

③縫合。

①縫合脇邊。

3 貼邊（背面）

②摺縫份。

袋身（正面）

6 裝上提把。

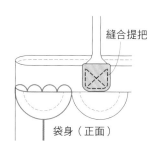

縫合提把

袋身（正面）

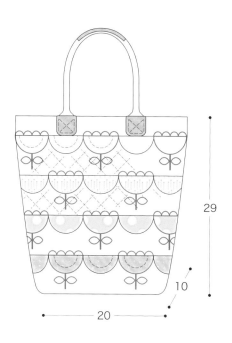

29

10

20

P.69 ⬡ **32** **小鳥與鳥屋造型相框**

底布進行貼布縫，刺繡後，疊上鋪棉後，放入相框。

材料

貼布縫用布 適量
底布（米色橫條紋）25cm×25cm
鋪棉　18.5cm×18.5cm
25號繡線（紅色・紅褐色・棕色・綠色・藍色・水藍色・黃色・白色・粉紅色・灰色・黑色）

全圖

原寸紙型
D 面

※繡法P.88。

18.5

貼布縫

18.5

材料

貼布縫用布 適量
表布（棕色橫條紋）25cm×15cm
別布（米色格紋）40cm×15cm
鋪棉 25cm×20cm
裡布 25cm×20cm
拉鍊 16cm 1條

肩背帶 1條
D形環 1cm 2個
25號繡線（棕色）
鈕釦 直徑1cm 8個

※拉鍊裝飾以直徑4cm的圓製作。
（作法P.88）
※繡法P.88。

原寸紙型
B 面

吊耳2片（別布）

4 裁剪 4

袋身1片（表層布‧鋪棉‧裡布）

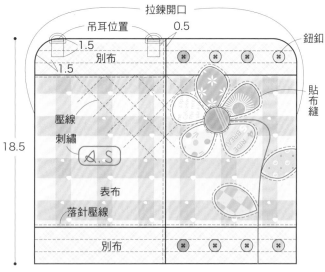

拉鍊開口
吊耳位置 0.5
1.5
別布 鈕釦
1.5
壓線
刺繡
S
表布
落針壓線
別布
18.5
22
貼布縫

---

1 進行貼布縫後製作表層布。

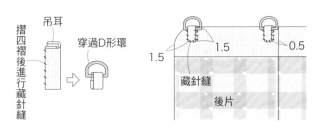

鋪棉
裡布（正面）
縫合
完成貼布縫、刺繡的表層布（背面）
縫合接片
留返口

2 壓線後，縫上鈕釦。

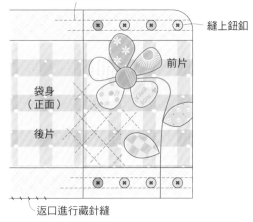

翻至正面後壓線
縫上鈕釦
前片
袋身（正面）
後片
返口進行藏針縫

3 製作吊耳，以藏針縫縫於後片。

吊耳
摺四褶後進行藏針縫
穿過D形環
1.5 1.5 0.5
藏針縫
後片

4 裝上拉鍊，縫合脅邊及底部。

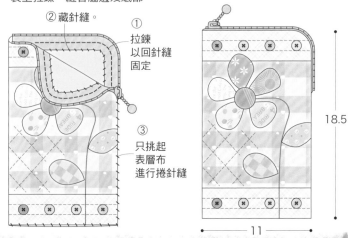

②藏針縫。
①拉鍊以回針縫固定
③只挑起表層布進行捲針縫
18.5
11

材料

表布（米色）18cm×18cm
25號繡線（紅色）

原寸紙型
D 面

毛毯繡

肋骨蛛網繡
直線繡繡出中心骨架
自出針處往回1骨架，再挑起2骨架後以捲針縫固定。
挑針 挑針 1出 1出

飛鳥繡
1出 3出 2入 4入

法國結粒繡

輪廓繡
1 3 5 4 2
2與5是相同位置

雛菊繡

平針繡

鎖鍊繡
1 3 2

浮凸緞面繡
先進行直線繡，再於上方進行橫向直線繡填滿。

羽毛繡

十字繡

接針平針繡
平針繡 挑針 1出

纜繩繡
指示線 1 3 2 只挑線 1 3 2 只挑線 5 4

魚骨繡
7出 3出 2入 6入 1出 5出 4入 9出 8入

① 毛毯繡　取2股線
② 肋骨蛛網繡　取2股線
③ 飛鳥繡　取2股線
④ 法國結粒繡　取3股線
⑤ 輪廓繡　取2股線
⑥ 雛菊繡　取2股線
⑦ 平針繡　取3股線
⑧ 鎖鍊繡　取2股線
⑨ 浮凸緞面繡　取3股線
⑩ 羽毛繡　取2股線
⑪ 十字繡　取2股線
⑫ 接針平針繡　取3股線
⑬ 纜繩繡　取2股線
⑭ 魚骨繡　取2股線

製作拼布前　製作作品前，先記住拼布的基礎吧！

拼接
布片間的縫合稱為拼接。製作紙型，裁剪布料，2片對齊後手縫製作。

■ 製作紙型
影印書本內容，放於厚紙上，
以錐子在邊角的位置打洞。
沿著厚紙上打好的洞，
以量尺畫線，再以剪刀裁剪。

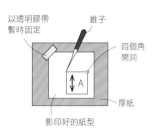

以透明膠帶暫時固定　錐子　四個角開洞　A　厚紙　影印好的紙型

■ 裁剪布料
以熨斗熨燙布料，
放在拼布燙板上，
與紙型相合，
在布的背面作記號。
留縫份空間，
再取下一片布片。

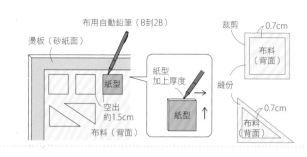

布用自動鉛筆（B到2B）　燙板（砂紙面）　紙型　空出約1.5cm　布料（背面）　紙型加上厚度　縫份　裁剪　0.7cm　布料（背面）　0.7cm　布料（背面）

■ 縫法與線
使用頂針，取 1 股拼布線進行平針縫。
縫線間隔 0.2 至 0.3cm。為避免線條看
不清楚，請使用原色或灰色線。

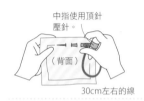

中指使用頂針壓針。　（背面）　30cm左右的線

■ 縫法
1 布的正面之間對齊內側後，以珠針固定。
自布邊進行回針縫，縫至布邊後，
以指尖壓開縫線縮起的地方。止縫處也進行回針縫。

2 縫份2片一起倒向顏色深的布料。
縫合2組時，對齊縫線中心。
自邊端開始縫，中心進行回針縫，縫至邊端。

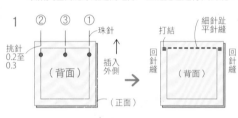

1　②③①　珠針　挑針0.2至0.3　插入外側　（背面）　（正面）　打結　細針趾平針縫　回針縫　回針縫　（背面）

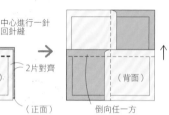

2　縫合縫份　中心進行一針回針縫　2片對齊　往顏色深的方向倒　（背面）　（正面）　倒向任一方　（背面）

■ 嵌入布塊的縫法
六角形或菱形，無法一直線縫合的布片，
不縫至縫份處，而是縫至記號處。
下一片布片縫至記號處，避開縫份，
與下一片布片縫合。
此縫法稱之為「嵌入式縫法」。

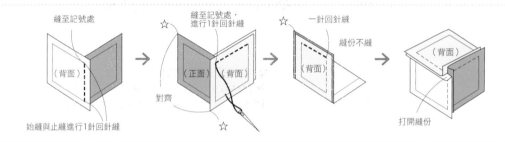

縫至記號處　（背面）　始縫與止縫進行1針回針縫　對齊　縫至記號處，進行1針回針縫　☆　（正面）（背面）　☆　☆　一針回針縫　縫份不縫　（背面）　（背面）　打開縫份

貼布縫
貼布縫指的是底布放上其他的布後縫合。重疊好幾片的貼布縫，以由下往上的順序縫合。

貼布縫的縫份是0.5cm。包住厚紙後摺出摺痕，
將厚紙卸下後，放上作好記號的底布後縫合。

內藏直針藏針縫

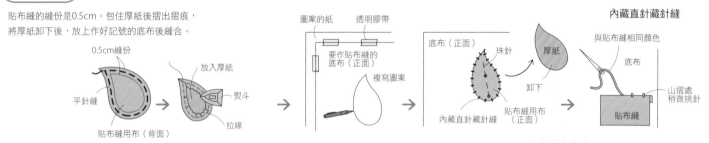

0.5cm縫份　平針縫　貼布縫用布（背面）　放入厚紙　熨斗　拉線　圖案的紙　透明膠帶　要作貼布縫的底布（正面）　複寫圖案　底布（正面）　珠針　厚紙　卸下　內藏直針藏針縫　貼布縫用布（正面）　與貼布縫相同顏色　底布　山摺處稍微挑針　貼布縫

假縫
假縫是壓線的準備。拼接或貼布縫後呈現 1 片布的狀態稱為表層布。

■ 畫出壓線
使用布用自動鉛筆在表層布上畫線。
格子壓線可使用方眼量尺。
顏色深的布料，
搭配白色或黃色較顯眼。

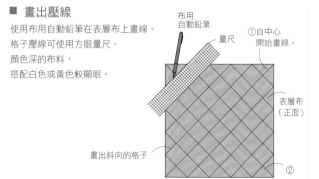

布用自動鉛筆　量尺　①自中心開始畫線。　表層布（正面）　畫出斜向的格子　②

■ 假縫
表層布與鋪棉，裡布重疊後，
以假縫線縫合。
在平坦的桌子上重疊3片後固定，
以珠針暫時固定。
自中心向外，呈放射狀縫合。

若使用柔軟塑膠湯匙接針，
會比較容易抓住針。

約1.5cm　下壓　取1股假縫線

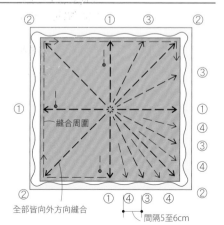

②①③②　③　縫合周圍　①　④　③　④　全部皆向外方向縫合　間隔5至6cm

壓線　縫合3片假縫的布稱之為壓線。

■ 線與針趾

取1股拼布線縫合。整體使用原色、灰色等不顯色的顏色，或是配合布料顏色選擇。
針穿至裡布，針趾之間距離統一約在0.1至0.2cm之間。壓線始縫、止縫皆在布的正面作處理。壓線完成後，再取下假縫線。

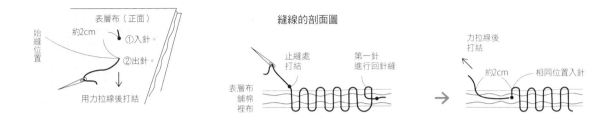

■ 頂針的使用方法
將皮製頂針套入持針手上的中指，金屬製的頂針套入受針手上的中指。
以頂針壓針，針尖與金屬頂針碰觸後往上壓，讓針尖在表面出針。

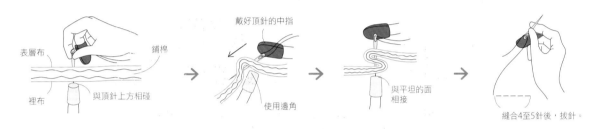

■ 小尺寸作品的壓線

像平針縫一樣，將布往內拉摺，縫合。
此縫法用在3片布料時，
容易滑開，先以假縫線固定。

■ 使用壓線框的壓線
像是包包或拼布等大件作品可以使用壓線框撐開布料進行壓線，可以作出漂亮的針趾。
鬆開壓線框，撐開布料後，靠在桌子邊緣，張開雙手，使用頂針的縫法。

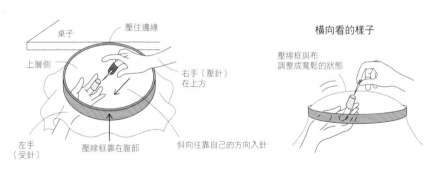

滾邊　壓線後的布邊處理稱為滾邊。
寬3.5cm的斜紋布可作成0.7至0.8cm的滾邊布。

裁切斜紋布，縫合後接長。縫至記號處後摺疊，避開縫份縫合。包覆布邊作藏針縫。

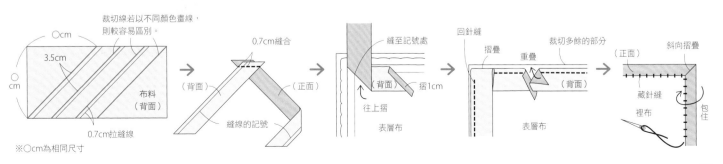

※○cm為相同尺寸

包包的整體拼接分為：各自製作各部位後，再以捲針縫方式連接整體；以及先將整體連接後再進行製作，縫合脇邊、底部後，再以裡布包覆縫份的方法。

■ 縫法

捲針縫 　　0.至0.2cm

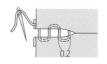

弓字縫　　0.2

■ 捲針縫　　依鋪棉、裡布、表層布的順序重疊，縫合周圍。翻至正面後，返口進行藏針縫，假縫後再壓線。
　　　　　　將2組布片以細針趾捲針縫縫合。

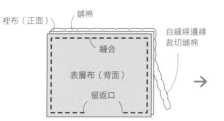

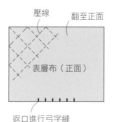

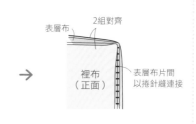

■ 以裡布包覆縫份

裡布的縫份多留一些，包住裁切面後進行捲針縫。

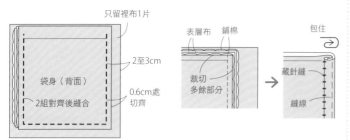

■ 裝上拉鍊

拉鍊以回針縫固定，布邊進行藏針縫，固定袋身。

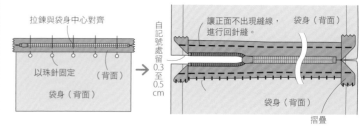

■ 包釦　　以布將塑膠零件包住製作。

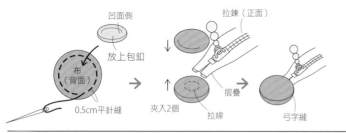

■ 裝飾配件　　布片以平針縫塞入棉花，拉線後包住拉鍊鍊頭及鍊繩前端。

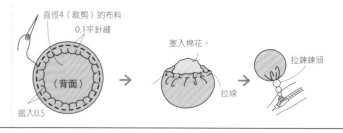

　　25號繡線所註明的線數，蠟線（同蠟燭芯一樣，極粗的線）取1股線進行刺繡。

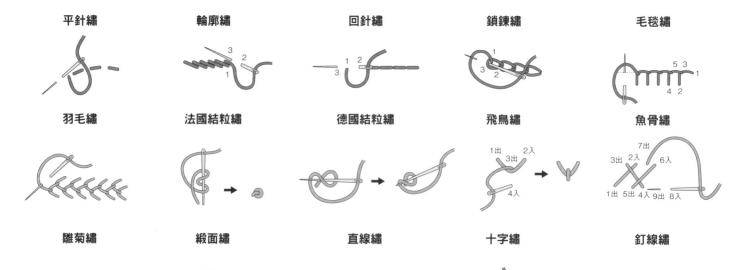

平針繡　　輪廓繡　　回針繡　　鎖鍊繡　　毛毯繡

羽毛繡　　法國結粒繡　　德國結粒繡　　飛鳥繡　　魚骨繡

雛菊繡　　緞面繡　　直線繡　　十字繡　　釘線繡

手作專屬禮
柴田明美送給你的拼布包

作　　者／柴田明美
譯　　者／楊淑慧
發 行 人／詹慶和
總 編 輯／蔡麗玲
執行編輯／黃璟安
編　　輯／蔡毓玲・劉蕙寧・陳姿伶・李佳穎・李宛真
執行美編／周盈汝
美術設計／陳麗娜・周盈汝
內頁排版／造極
出 版 者／雅書堂文化事業有限公司
發 行 者／雅書堂文化事業有限公司
郵政劃撥帳號／18225950
戶　　名／雅書堂文化事業有限公司
地　　址／新北市板橋區板新路206號3樓
電　　話／(02)8952-4078
傳　　真／(02)8952-4084
網　　址／www.elegantbooks.com.tw
電子信箱／elegant.books@msa.hinet.net

2018年3月初版一刷　定價450元

Lady Boutique Series No.4339
SHIBATA AKEMI ANATA NI TODOKETAI QUILT
Copyright © 2017 BOUTIQUE-SHA,Inc.
All rights reserved.
Original Japanese edition published in Japan by BOUTIQUE-SHA.
Chinese（in complex character）translation rights arranged with BOUTIQUE-SHA
through KEIO CULTURAL ENTERPRISE CO.,LTD.

經銷／易可數位行銷股份有限公司
地址／新北市新店區寶橋路235巷6弄3號5樓
電話／(02)8911-0825
傳真／(02)8911-0801

國家圖書館出版品預行編目(CIP)資料

手作專屬禮：柴田明美送給你的拼布包 / 柴田明美著 . -- 初版 .
-- 新北市：雅書堂文化，2018.03
　面；　公分 . -- (拼布美學；32)
ISBN 978-986-302-417-0(平裝)

1. 拼布藝術 2. 手工藝

426.7　　　　　　　　　　　107002263

日文原書團隊

編輯／新井久子・三城洋子
攝影／山本倫子
書籍設計／右高晴美
製圖 紙型／白井麻衣
作法校正／安彥友美

本書作品協助製作（未依順序排列）

高島右子・若宮素子・大野幾代・伊藤文
子・橫須賀祥子・柳直子

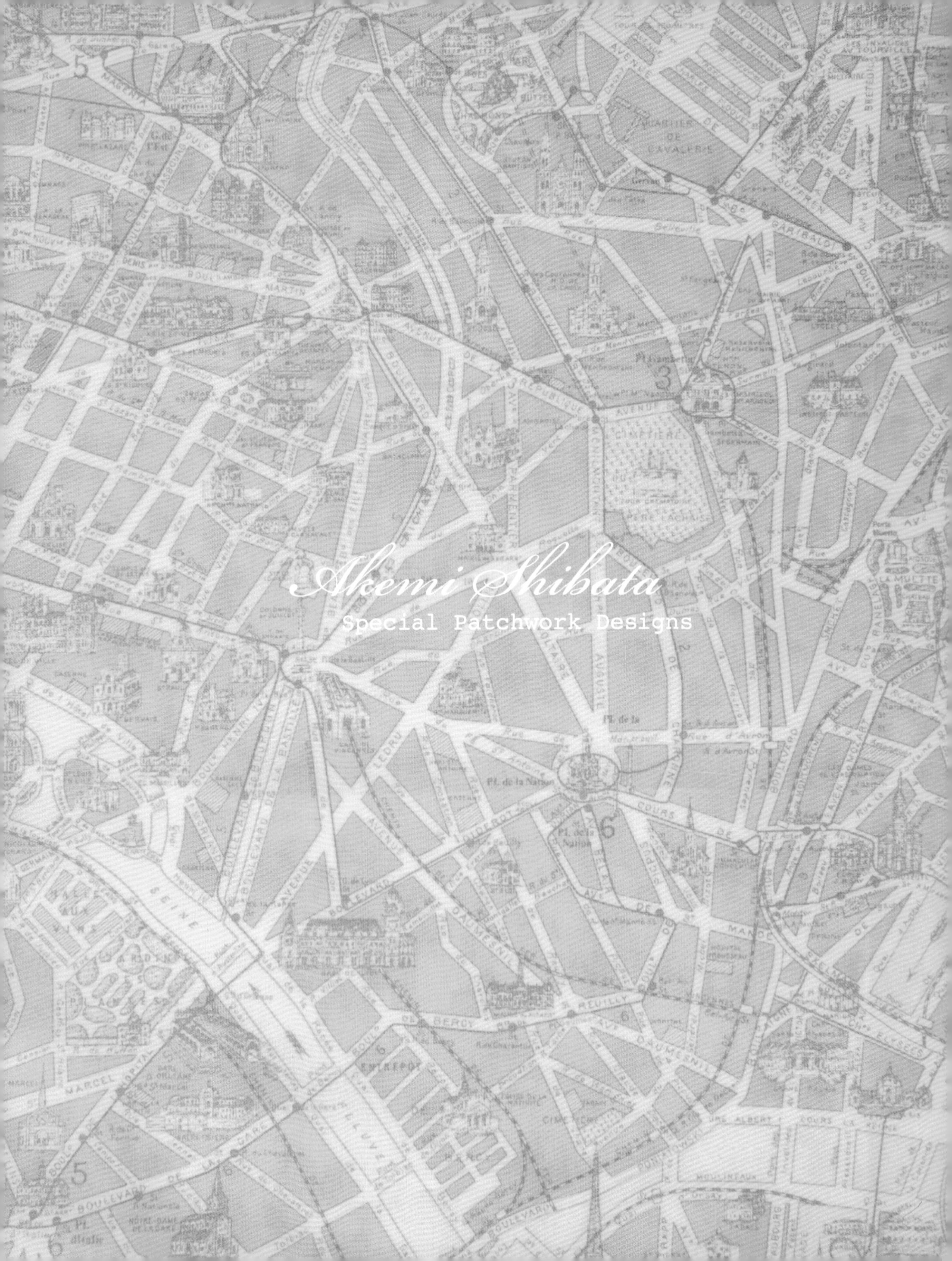
Akemi Shibata
Special Patchwork Designs